高等院校计算机课程设计指导丛书

计算机网络课程设计

朱敏 陈黎 李勤 主编
田伟 皮勇 黄旗 甘伟 朱浩天 熊袅袅 游思兰 参编

机械工业出版社
China Machine Press

图书在版编目（CIP）数据

计算机网络课程设计 / 朱敏，陈黎，李勤主编 . —北京：机械工业出版社，2018.10（2024.9重印）

（高等院校计算机课程设计指导丛书）

ISBN 978-7-111-61139-4

I. 计… II. ①朱… ②陈… ③李… III. 计算机网络 – 课程设计 – 高等学校 – 教学参考资料 IV. TP393-41

中国版本图书馆 CIP 数据核字（2018）第 231346 号

本书分为四篇：导读篇、工具与环境篇、基础实验篇、综合设计篇。其中"基础实验篇"按照计算机网络的层次来设计。通过多个基础实验设计题目，最终完成一个完整的计算机网络的搭建，帮助学生从网络通信的整体理解计算机网络的原理知识，并能根据需求搭建常用的网络。

出版发行：机械工业出版社（北京市西城区百万庄大街22号 邮政编码：100037）
责任编辑：张梦玲　　　　　　　　　　　　　责任校对：殷　虹
印　　刷：北京建宏印刷有限公司　　　　　　版　　次：2024年9月第1版第7次印刷
开　　本：185mm×260mm　1/16　　　　　　印　　张：13.75
书　　号：ISBN 978-7-111-61139-4　　　　　　定　　价：39.00元

客服电话：(010) 88361066　68326294

版权所有·侵权必究
封底无防伪标均为盗版

前　　言

目标

计算机网络所带来的资源共享和信息传递，已渗透到人们的生活、学习和工作中，而网络技术的发展与应用，也不断对各行各业产生巨大影响。计算机网络的重要性使其成为计算机相关专业的核心基础课程和考研必考科目。

计算机网络课程是一门实践性很强的课程，实践教学环节在该课程的教学过程中占有非常重要的地位。几乎所有学校都配有不同学时的实践教学环节，也有不少学校设立了独立的"计算机网络课程设计"课程，来帮助学生真实感受并理解网络的内在工作原理，锻炼学生的动手能力以及在实际工程和应用中解决问题的能力。

本书的编写目标是在计算机网络理论学习的基础上，通过实践加深学生对概念和原理的理解，尤其是对网络核心内容、协议和算法的理解与掌握，以及对计算机网络核心内容及经典算法的理解，培养学生根据具体场景设计、部署、分析、管理、运维网络的能力。编者团队在多年计算机网络实践教学的基础上，充分考虑教学对象的差异性和教学计划的多样性，提供可以选择、组合的教学内容，从而为计算机网络实践环节的教师提供系统化的、灵活的教学参考，同时也给学习该课程的学生提供一个自主学习的平台。

本书特色

- **强调理论实践的融合性**

教材的每一部分都针对实验所涉及的相关知识点进行说明，帮助学生构建理论与实践的对应关系。同时，设计一系列问题，让学生在回顾、思考、动手中完成对数据包的分析，掌握协议的工作原理。

- **强调教学安排的灵活性**

教师可以根据教学对象对知识的掌握程度的差异性，结合本校教学计划的具体要求，对教材提供的实验进行选择、组合，构成不同的教学模式。同时，教材提供了综合设计，将组网、协议、网络编程能力结合起来，师生可将这部分内容与基本实验进行灵活整合。

- **强调教学资源的完整性**

教材提供了基本设备和工具的使用方法说明；对基础实验，设置了多个问题，并在书末提供了答案，引导学生在动手中思考和学习；对综合设计，介绍了应用场景，为分组或团队教学提供了可能性。

本书结构

本教材主要分为四篇：导读篇、工具与环境篇、基础实验篇、综合设计篇。内容框架如下：

导读篇（绪论）介绍了计算机网络课程设计的目标、教材的特色以及教材的用法。

工具与环境篇（第 1～4 章）介绍了主要网络设备的功能、基本配置方法，以及协议分析工具和模拟器。

基础实验篇（第 5～8 章）提供了分别对应 TCP/IP 协议栈不同层次的基础实验。

综合设计篇（第 9～12 章）提供了多个网络应用案例，便于学生从整体了解网络的工作原理，以及网络规划、设计、实施的全部过程。

此外，本书还提供了部分实验报告样例，并以附录形式提供了思考题的参考答案。

读者对象

本书是为高等院校师生和计算机相关专业人员编写的，不仅适用于计算机类相关专业计算机网络实验课程的教学，也适合计算机网络爱好者参考、学习，从事计算机网络运维的工程师亦可参考本书。

致谢

本书的写作和出版得到了四川大学计算机学院（软件学院）网络课程组多名教师以及机械工业出版社编辑朱劼的大力支持，在此表示衷心的感谢。

在本书写作过程中，四川大学视觉计算实验室的学生做了富有成效的工作。此外，在本书编写框架的设计阶段，得到了赵瑜、唐彬彬、龚磊、谢昭阳等人的帮助；在实验报告模板的写作方面，授课班级的同学也提出了许多宝贵意见。在此向为本书出版提供帮助的所有人致以诚挚的谢意。

作者
2018 年 8 月

目 录

前言

导读篇

绪论

- 0.1 计算机网络课程设计目标 ……… 2
- 0.2 教材编写结构 ……… 2
- 0.3 教材使用建议 ……… 3
- 0.4 教材特色 ……… 5
- 0.5 课程设计报告 ……… 6
- 0.6 实验小结参考实例 ……… 6
  - 0.6.1 实例 1 ……… 6
  - 0.6.2 实例 2 ……… 7
  - 0.6.3 实例 3 ……… 8

工具与环境篇

第 1 章 路由器 ……… 12
- 1.1 初识路由器 ……… 12
- 1.2 路由器的选择 ……… 13
- 1.3 路由器的配置方式 ……… 14

第 2 章 交换机 ……… 17
- 2.1 初识交换机 ……… 17
- 2.2 交换机的选择 ……… 19
- 2.3 交换机的配置途径 ……… 19

第 3 章 Wireshark ……… 21
- 3.1 Wireshark 的抓包原理 ……… 21
- 3.2 Wireshark 的使用方法 ……… 21
- 3.3 参考资源 ……… 28

第 4 章 Cisco Packet Tracer ……… 29
- 4.1 Cisco Packet Tracer 的使用方法 ……… 29
- 4.2 参考资源 ……… 35

基础实验篇

第 5 章 应用层实验 ……… 38
- 5.1 Web 服务器的搭建及 HTTP 协议分析 ……… 38
  - 5.1.1 实验背景 ……… 38
  - 5.1.2 实验目标与应用场景 ……… 38
  - 5.1.3 实验准备 ……… 39
  - 5.1.4 实验平台与工具 ……… 39
  - 5.1.5 实验原理 ……… 39
  - 5.1.6 实验步骤 ……… 41
  - 5.1.7 实验总结 ……… 49
  - 5.1.8 思考与进阶 ……… 49
- 5.2 FTP 服务器的搭建及 FTP 协议分析 ……… 50
  - 5.2.1 实验背景 ……… 50
  - 5.2.2 实验目标与应用场景 ……… 50
  - 5.2.3 实验准备 ……… 50
  - 5.2.4 实验平台与工具 ……… 50
  - 5.2.5 实验原理 ……… 50
  - 5.2.6 实验步骤 ……… 51
  - 5.2.7 实验总结 ……… 56
  - 5.2.8 思考与进阶 ……… 56
- 5.3 DNS 服务器的搭建及 DNS 协议分析 ……… 56
  - 5.3.1 实验背景 ……… 56
  - 5.3.2 实验目标与应用场景 ……… 57

5.3.3　实验准备 ································· 57
　　5.3.4　实验平台与工具 ························· 57
　　5.3.5　实验原理 ································· 57
　　5.3.6　实验步骤 ································· 59
　　5.3.7　实验总结 ································· 68
　　5.3.8　思考与进阶 ······························ 68
5.4　邮件服务的协议分析 ······························· 68
　　5.4.1　实验背景 ································· 68
　　5.4.2　实验目标与应用场景 ················· 69
　　5.4.3　实验准备 ································· 69
　　5.4.4　实验平台与工具 ························· 69
　　5.4.5　实验原理 ································· 70
　　5.4.6　实验步骤 ································· 71
　　5.4.7　实验总结 ································· 74
　　5.4.8　思考与进阶 ······························ 74
5.5　基于 TCP 的 Socket 编程 ······················ 74
　　5.5.1　实验背景 ································· 74
　　5.5.2　实验目标与应用场景 ················· 75
　　5.5.3　实验准备 ································· 75
　　5.5.4　实验平台与工具 ························· 75
　　5.5.5　实验原理 ································· 75
　　5.5.6　实验步骤 ································· 76
　　5.5.7　实验总结 ································· 79
　　5.5.8　思考与进阶 ······························ 79
5.6　基于 UDP 的 Socket 编程 ······················ 79
　　5.6.1　实验背景 ································· 79
　　5.6.2　实验目标与应用场景 ················· 79
　　5.6.3　实验准备 ································· 80
　　5.6.4　实验平台与工具 ························· 80
　　5.6.5　实验原理 ································· 80
　　5.6.6　实验步骤 ································· 81
　　5.6.7　实验总结 ································· 83
　　5.6.8　思考与进阶 ······························ 84
第 6 章　传输层实验 ·· 85
6.1　TCP 的连接管理分析 ······························ 85

　　6.1.1　实验背景 ································· 85
　　6.1.2　实验目标与应用场景 ················· 85
　　6.1.3　实验准备 ································· 86
　　6.1.4　实验平台与工具 ························· 86
　　6.1.5　实验原理 ································· 86
　　6.1.6　实验步骤 ································· 87
　　6.1.7　实验总结 ································· 88
　　6.1.8　思考与进阶 ······························ 88
6.2　UDP 协议分析 ······································ 88
　　6.2.1　实验背景 ································· 88
　　6.2.2　实验目标与应用场景 ················· 88
　　6.2.3　实验准备 ································· 89
　　6.2.4　实验平台与工具 ························· 89
　　6.2.5　实验原理 ································· 89
　　6.2.6　实验步骤 ································· 89
　　6.2.7　实验总结 ································· 90
　　6.2.8　思考与进阶 ······························ 90
第 7 章　网络层实验 ·· 91
7.1　DHCP 的配置与协议分析 ························ 91
　　7.1.1　实验背景 ································· 91
　　7.1.2　实验目标与应用场景 ················· 91
　　7.1.3　实验准备 ································· 92
　　7.1.4　实验平台与工具 ························· 92
　　7.1.5　实验原理 ································· 92
　　7.1.6　实验步骤 ································· 93
　　7.1.7　实验总结 ································· 98
　　7.1.8　思考与进阶 ······························ 99
7.2　ICMP 协议分析 ····································· 99
　　7.2.1　实验背景 ································· 99
　　7.2.2　实验目标与应用场景 ················· 99
　　7.2.3　实验准备 ································· 100
　　7.2.4　实验平台与工具 ························· 100
　　7.2.5　实验原理 ································· 100
　　7.2.6　实验步骤 ································· 101
　　7.2.7　实验总结 ································· 103

7.2.8 思考与进阶 …………………… 103
7.3 路由器的配置 …………………………… 103
  7.3.1 实验背景 …………………… 103
  7.3.2 实验目标与应用场景 ………… 103
  7.3.3 实验准备 …………………… 104
  7.3.4 实验平台与工具 …………… 104
  7.3.5 实验原理 …………………… 104
  7.3.6 实验步骤 …………………… 105
  7.3.7 实验总结 …………………… 113
  7.3.8 思考与进阶 …………………… 113
7.4 NAT 地址转换 …………………………… 113
  7.4.1 实验背景 …………………… 113
  7.4.2 实验目标与应用场景 ………… 114
  7.4.3 实验准备 …………………… 114
  7.4.4 实验平台与工具 …………… 114
  7.4.5 实验原理 …………………… 114
  7.4.6 实验步骤 …………………… 115
  7.4.7 实验总结 …………………… 119
  7.4.8 思考与进阶 …………………… 119
7.5 RIP、OSPF 路由协议分析 ……………… 119
  7.5.1 实验背景 …………………… 119
  7.5.2 实验目标与应用场景 ………… 120
  7.5.3 实验准备 …………………… 120
  7.5.4 实验平台与工具 …………… 120
  7.5.5 实验原理 …………………… 120
  7.5.6 实验步骤 …………………… 121
  7.5.7 实验总结 …………………… 126
  7.5.8 思考与进阶 …………………… 127
7.6 点对点 IPSec VPN 实验 ………………… 127
  7.6.1 实验背景 …………………… 127
  7.6.2 实验目标与应用场景 ………… 127
  7.6.3 实验准备 …………………… 127
  7.6.4 实验平台与工具 …………… 128
  7.6.5 实验原理 …………………… 128
  7.6.6 实验步骤 …………………… 129
  7.6.7 实验总结 …………………… 134
  7.6.8 思考与进阶 …………………… 134

第 8 章 链路层实验 ………………………… 135
8.1 双绞线的制作 …………………………… 135
  8.1.1 实验背景 …………………… 135
  8.1.2 实验目标与应用场景 ………… 135
  8.1.3 实验准备 …………………… 136
  8.1.4 实验平台与工具 …………… 136
  8.1.5 实验原理 …………………… 136
  8.1.6 实验步骤 …………………… 137
  8.1.7 实验总结 …………………… 139
  8.1.8 思考与进阶 …………………… 140
8.2 ARP 协议分析 …………………………… 140
  8.2.1 实验背景 …………………… 140
  8.2.2 实验目标与应用场景 ………… 140
  8.2.3 实验准备 …………………… 140
  8.2.4 实验平台与工具 …………… 141
  8.2.5 实验原理 …………………… 141
  8.2.6 实验步骤 …………………… 141
  8.2.7 实验总结 …………………… 144
  8.2.8 思考与进阶 …………………… 144
8.3 跨交换机划分 VLAN …………………… 144
  8.3.1 实验背景 …………………… 144
  8.3.2 实验目标与应用场景 ………… 145
  8.3.3 实验准备 …………………… 145
  8.3.4 实验平台与工具 …………… 145
  8.3.5 实验原理 …………………… 146
  8.3.6 实验步骤 …………………… 147
  8.3.7 实验总结 …………………… 156
  8.3.8 思考与进阶 …………………… 156

综合设计篇

第 9 章 综合设计项目 1：校园网的搭建 …… 158
9.1 项目设计目标与准备 …………………… 158

9.2	项目平台与工具 …………………… 158		11.2	项目平台与工具 …………………… 172
9.3	总体设计要求 ……………………… 158		11.3	项目设计的基本原理 ……………… 173
9.4	设计步骤 …………………………… 159		11.4	设计步骤 …………………………… 174
9.5	总结 ………………………………… 166		11.5	总结 ………………………………… 180

第 10 章　综合设计项目 2：A Life of Web Page …………………………… 167

第 12 章　综合设计项目 4：网络爬虫的设计和实现 …………………… 181

10.1	项目设计目标与准备 ……………… 167		12.1	项目设计目标与准备 ……………… 181
10.2	项目平台与工具 …………………… 167		12.2	项目平台与工具 …………………… 181
10.3	项目设计的基本原理 ……………… 167		12.3	项目设计的基本原理 ……………… 181
10.4	设计步骤 …………………………… 169		12.4	设计步骤 …………………………… 184
10.5	总结 ………………………………… 171		12.5	总结 ………………………………… 187

第 11 章　综合设计项目 3：基于 SMTP 和 POP3 的邮件服务器的搭建 …… 172

参考文献 ………………………………… 188

互联网资源 ……………………………… 189

11.1　项目设计的目标与准备 …………… 172

附录　参考答案 ………………………… 190

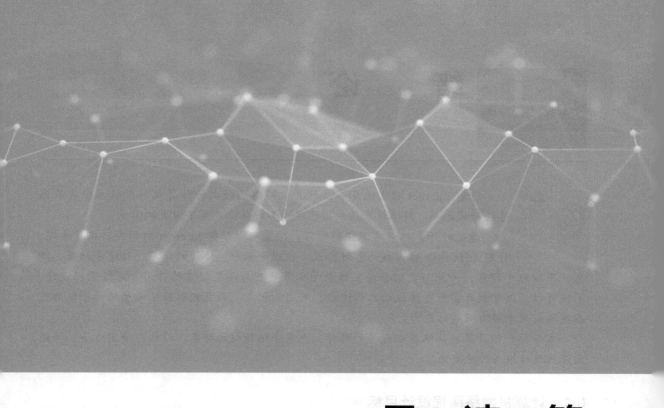

导 读 篇

- 绪论

绪 论

随着 Internet 的飞速发展，计算机网络已经成为计算机科学技术中发展迅速的领域之一。网络技术的应用已经对各行各业产生了重大的影响。

通过对计算机网络课程的学习，学生可以了解 Internet 的构成、工作原理，特别是 TCP/IP 协议栈的各种协议。在理论课中，协议的学习过程非常枯燥，概念、原理难于理解，为此与之配合的实践教学环节就有着举足轻重的作用。通过课程设计，不仅可以帮助学生真实感受协议的工作过程、巩固知识点，而且能够锻炼学生的动手能力及在实际应用中解决问题的能力。

本章将介绍计算机网络课程设计的目标，重点介绍教材的特色、结构与使用方法，并给出课程设计报告的主要内容。

0.1 计算机网络课程设计目标

计算机网络课程设计是计算机网络课程的同步实践课程，是计算机类本科人才培养的必修实践教学环节，其内容结合理论课的教学和计算机网络自身特点而设计。其主要目的是使学生进一步理解并掌握计算机网络的原理，培养学生的协议分析与理解、网络设计、网络管理、网络故障排查及网络编程开发等综合实践能力。具体目标如下。

1. 掌握网络工具的使用方法

通过对网络工具、模拟器及常见网络命令的学习，学生不仅能够进行组网的练习，而且能借助工具还原网络中数据传输的真实过程（如 Wireshark 等）。为此，在课程设计中，学生不仅要了解常用的协议分析工具、网络命令、模拟器的使用方法，而且要掌握工具的应用场合，以利于网络诊断，并为后期进一步学习打下基础。

2. 掌握解决实际网络问题的基本方法

学生学习完计算机网络课程后的一个普遍现象就是不能有效解决网络中出现的实际问题。计算机网络课程设计可以指导学生通过对基础实验部分的演练，进一步加深其对协议工作原理的理解，例如，在真实网络环境下进行协议分析实验，网络环境的差异会导致学生截获的数据信息和从教材中获取的信息存在差异，为此要学会通过理论课知识分析各种异常的网络现象及其产生的原因，从而逐步掌握解决实际网络问题的基本方法。

3. 初步掌握网络编程能力

通过编程实验，学生可以了解如何利用应用层常用网络协议进行网络程序设计，以加深对网络原理、网络配置的理解，并提高自己的程序设计能力和网络应用能力。

0.2 教材编写结构

本书主要分为四篇，即导读、工具与环境、基础实验、综合设计，编写结构如图 0-1 所示。

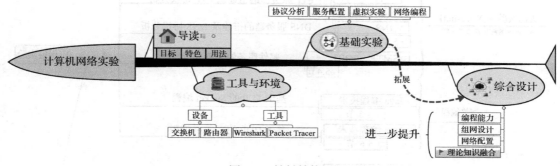

图 0-1 教材结构图

导读篇（绪论）：介绍计算机网络课程设计的教学目标、教材结构与特色、教材使用建议，并给出课程设计报告的主要内容，其目的是引导师生更加合理高效地使用本教材。

工具与环境篇（第 1～4 章）：介绍课程设计所需软件（Wireshark 和 Packet Tracer）的使用方法，以及网络常用设备路由器、交换机的基本配置和操作，其目的是为后续实验做好工具与环境的铺垫。

基础实验篇（第 5～8 章）：分别介绍了 TCP/IP 协议栈的应用层、传输层、网络层及链路层的基础实验，巩固理论课的各个重要协议的知识点，其目的是引导学生逐步理解 TCP/IP 各层涉及的协议原理，并掌握相关设备的应用。

综合设计篇（第 9～12 章）：对基础实验部分所涉及的内容进行拓展延伸，结合网络的实际应用，将多个基础实验整合起来形成真实项目案例，其目的是让学生从整体上理解网络的工作原理，以及网络规划、设计、实施的全部过程。

0.3 教材使用建议

1. 灵活使用模拟与实操方式，尽量提供真实的网络环境

本书在基础实验部分不仅设计了实操环节的实验，而且利用模拟器设计了虚拟实验。学校可根据具体情况，采用模拟与实操相结合的方法来实施实验。在模拟方面，学生利用模拟器设计、搭建网络及排除网络故障来锻炼动手能力，达到"身临其境"的效果。在实操方面，学生利用协议分析工具获取真实网络环境下各种应用传输过程中发送和接收的数据包，通过分析协议的工作原理加深对知识点的理解，达到"眼见为实"的效果。

鉴于虚拟环境和真实网络环境存在很大差异，对于能够提供设备和环境的学校，应尽量安排实物设备和工具来完成网络服务的配置及交换机和路由器的相关实验。协议分析实验应尽量在真实网络环境下实现数据传输过程中的数据包的捕获，而不应该在 Packet Tracer 模拟网络环境中完成。在模拟网络环境下，虽然可以排除一些网络元素的影响，更清楚了解协议的工作原理，但是在现实中，网络设备通常置于一个多设备、多协议相互影响的环境下，在该环境下分析协议的工作原理对提升学生发现问题、分析问题和解决问题的能力是非常重要的。

2. 理论教学与实践教学应充分结合

为便于师生了解本书的主要内容，同时做好计算机网络的理论教学与实践教学的对应性安排，本书针对基础实验和综合设计项目的具体内容绘制了详细的编写结构图，如图 0-2 所示，具体包含以下信息：

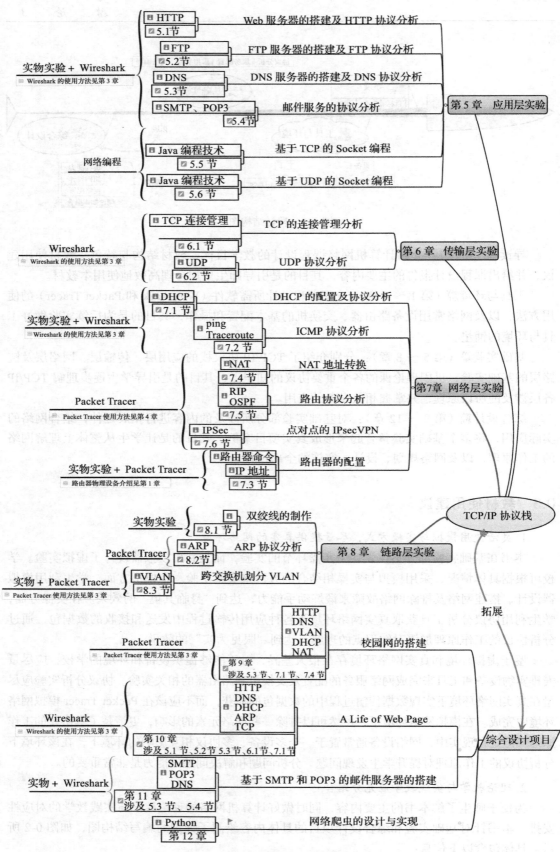

图 0-2 基础实验和综合设计项目构成

- 基础实验各章节与 TCP/IP 协议栈各层次的对应关系；
- 每个层次的基础实验主题与协议内容；
- 所涉及的工具／环境，以及建议的实验模式（模拟／实操）；
- 综合设计项目所覆盖的层次与对应协议。

教师应尽量同步安排实践环节的教学与理论教学，实验所涉及的知识点应在理论环节做好铺垫与衔接；同时可结合所在学校的具体课时，在基础实验、综合设计项目等内容上进行灵活选择或组合。

3. 充分利用思考与进阶

本书的基础实验部分可以在完成各层协议的教学过程中，根据培养目标及课时需求选择性地全部完成或部分完成。在协议分析的各个实验中，本书针对协议特点及要求掌握的知识点设计了多个问题，其目的在于让学生不仅是停留于简单地捕获数据包，而是通过对捕获的数据包的传输过程及传送数据包的特点的分析，达到分析并理解协议的目的；同时学生通过对这些问题的进阶思考，体会抓包工具能解决什么问题，以及分析捕获的数据包中存在一些特殊数据包的原因，这对将来排除网络故障是非常有用的。

4. 综合设计项目的教学组织

综合设计项目是对前面基础实验的拓展，对于实验课时较少的学校，可以选择综合设计项目，而将前面的基础实验作为学生自学参考部分；也可以把综合设计项目分配给学生，学生通过完成综合设计项目来了解网络的工作原理。对这部分内容也可以尝试分组教学的方式，鼓励学生以团队形式来完成。学有余力且实验条件较好的学校甚至可以考虑对综合设计项目进行进一步拓宽加深，将其延展为学生的独立项目。

0.4 教材特色

本书按照 TCP/IP 协议栈自顶向下的顺序设计各层的基础实验，然后通过综合性课程设计将各个基础实验的知识点融会贯通，其特色主要体现在以下四个方面。

1. 理论和实践相结合

本书的每一部分都针对实验所涉及的相关知识点进行了说明，重点在于理论知识点的拓展，便于学生在实验过程中做到知识点与实践的对应性理解与掌握，从而更好地完成实验。

2. 通过综合设计，提高学生的创新能力

本书最后提供了四个综合设计项目——"校园网的搭建""A Life of Web Page""基于 SMTP 和 POP3 协议的邮件服务器的搭建"及"网络爬虫的设计和实现"，分别对组网、协议、网络编程方面的知识加以综合应用，并把基础实验所涉及的内容进行整合，让学生真实体验网络各层是如何协同工作。

3. 实验过程"做"和"思"的有机结合

在协议分析实验中，不是简单地要求学生完成协议数据包的捕获，而是通过设计一系列问题和进阶的内容，引导学有余力的学生进行更加深入的思考和更深层次的实践。

4. 灵活性高，可以自由组合各种实验

教师可以根据实验课时的实际情况，选择部分实验作为教学内容，便于灵活组织不同的教学模式；也可以将综合设计项目根据理论课程的教学需要拆分成多个子任务来完成。

0.5 课程设计报告

学生应独立或分组完成实验，并把实验的目的、方法、过程、结果等记录下来，独立整理、撰写并提交课程设计报告。教师通过对课程设计报告的评阅，达到考查学生综合素质的目的。

一份完整的课程设计报告应包括以下部分：课程设计名称、课程设计目的、实验环境、实验内容、数据记录和计算、结论、小结、备注或说明等，具体如下：

- 课程设计名称：要用最简练的语言描述实验的内容，如验证某程序、定律、算法，可写成："验证×××"或"分析×××"。
- 课程设计目的：目的要明确，抓住重点。具体内容可以从理论和实践两个方面考虑。在理论上，验证定理、公式、算法，并使实验者获得深刻和系统的理解；在实践上，掌握使用实验设备的技能、技巧和程序的调试方法。一般需说明所进行的实验是验证型实验还是设计型实验，是创新型实验还是综合型实验。
- 实验环境：对实验的软硬件环境（配置）的具体描述。
- 实验内容（算法、程序、步骤和方法）：这是实验报告的核心内容，也是任课教师对实验报告进行评价的重要内容之一。要写明依据何种原理、定律、算法、操作方法进行实验；要写明经过哪几个步骤；要画出流程图（实验装置的结构示意图），再配以相应的文字说明，这样既可以节省许多文字说明，又能使实验报告简明扼要、清楚明白。
- 数据记录和计算：记录从实验中测出的数据及计算结果，这部分应真实地反映实验内容、方法和步骤所形成的结果。
- 结论（结果）：根据实验过程中所见到的现象和测得的数据给出结论。对于异常结果，建议从产生原因方面对其进行分析和反思。
- 小结：对本次实验的体会、思考和建议。
- 备注或说明：总结实验成功或失败的原因，以及实验后的心得体会、建议等。

0.6 实验小结参考实例

实验小结是学生对实验的体会、思考和建议，这一部分是实验报告的点睛之笔，可以是做实验的感受，也可以是实验中积累的经验。这是实验报告中比较难写的部分，下面提供三个教学实例以供参考。

0.6.1 实例 1

"TCP 的连接管理分析"和"UDP 协议分析"两个实验，主要针对 TCP 连接管理的过程及 UDP 头部的各字段的含义进行学习。实验难点在于通过数据包分析确认号、序号的编号过程及 UDP 校验和的计算方法。学生在完成本实验后，应对 TCP 的连接管理、连接建立和释放过程中标志位的变化情况及 UDP 的不可靠传输原理有较好体会。

在本次实验中，我基于 Wireshark 实现了对 TCP 和 UDP 的抓包，分析了其 Header 及各项参数，理解了 TCP 连接的建立与释放中关键的"三次握手"和"四次握手"，复习并执行了 UDP 的校验和算法；同时，尝试理解并实现基于 UDP 的可靠数据传输，认识到 TCP 本身在速度上有缺陷，并基于 UDP 实现了较为高效的可靠数据传输服务。

本次实验给我印象最深刻的就是查阅协议文档和标准的重要性。在之前四次实验中，我遇到不懂的地方时可能还去搜索别人的博客，去看人家总结的知识点，但是本次实验中关于 SYN 泛洪的部分，我感觉能查到的博客都写得比较散。这个时候，我偶然间想起课本上也会标注"参考 RFC XXXX 文档"，于是就查了一下。这一查让我印象十分深刻——针对 SYN 泛洪，RFC 专门出了一份文档 RFC 4987 来回顾目前（发布于 2007/08）主流的防范方法，而且从理论与实践角度介绍了使用这些方法的权衡（原文是 trade-off，这确实是计算机科学学习中经常要面对的一个词，往往方法和工具没有最好，只有最适应针对问题的情况），其中我觉得后者可能更为难能可贵。关于本次实验提及的 SYN 泛洪的缓解（原文是 mitigation，看来订这份文档的人也认为完全预防是不太可能的），我基本上是在阅读文档的基础上进行总结的。作为对文档的致敬，我的课程设计报告中也着重分析了不同方法的利弊。这次查阅文档的经历确实是本次实验中印象最深刻的，查阅文档也应该是被保持的一种好习惯。

再说说 RFC。RFC 之所以可以称为标准文档，源远流长和与时俱进，两者都不可或缺，互联网精神下的开发与严格的审议也是不可或缺的。RFC 全称是 Request For Comments，最早可以追溯到 1969 年，随着互联网的诞生与不断完善，既有以网络协议为代表的"标准"，也有关于互联网与网络协议的"共识"与"建议"。RFC 在互联网世界一直有长久的生命力，除了其久远的历史，开放的精神也是具有决定意义的。也就是说，RFC 文档并非是由负责人指定主题，形成顶层设计后，再自顶向下填充内容，相反，它是由互联网最前沿的开发团体或者个人根据研究或者工程经验提出的，随后经过互联网的公开评议和严格的组织审议，最后发表为 RFC 文档，文档一旦被公开发表就不会再进行修改，只会在后续的文档中对前序的文档进行补充说明。RFC 文档是英文的，比较难的基本上是术语，行文应该还是可以读懂的，推荐查阅网站 https://www.rfc-editor.org/。

从上述总结来看，该学生对实验的整体掌握情况较好，更重要的是通过实验，该学生探索并掌握了在学习过程中解决问题的方法，以及如何利用协议对应的 RFC 文档来解决实验中遇到的问题，加深知识点的巩固。

0.6.2 实例 2

"NAT 地址转换"实验主要针对 NAT 的原理，让学生了解 NAT 的三种配置方法。实验难点在于从了解原理的过程到分析 NAT 存在的问题。学生在完成本实验后，应对 NAT 的原理及不同配置方式的适用场景有一定的了解和体会。

通过本次实验，我熟悉了 NAT 的分类与原理，并熟悉了 Cisco 模拟器的使用方法，成功在 Cisco 模拟器上模拟了静态 NAT、动态 NAT、多路复用 PAT，思考 NAT 为解决 IPv4 协议地址不足做出的贡献及其自身的缺陷，从而进一步了解了 IP 层的运行机制。

让我印象最深的是附加实验——多种 NAT 的混合使用，这种配置方法应该更加接近实际应用场景。传统的静态 NAT 需要机构拥有足够的公网 IP，而端口多路复用 PAT 则不满足互联网中端到端的原则，也限制了一些 P2P 式的应用。不过两者结合起来使用，可以为有特殊需求的用户手动分配静态 NAT，为大量普通用户提供 PAT 服务。

在实际使用中，NAT 也会带来一些问题。我举一个亲身感受的例子，实验室的内网是使用端口多路复用的 PAT 搭建的，内网的服务器上存储着实验需要使用的文件，我希望访问这些文件。如果使用 FTP 协议进行访问，这个时候如果不做一些设置，是没有办法完成访问的。就控制连接而言，服务器使用的实际上是网关 IP+端口，当客户端按照 FTP 要求，指定 IP+21 端口为控制连接的时候，实际上是在访问服务器所在网关的 21 端口，这是存在问题的，需要在网关上设置特定端口到服务器端口的映射。同理，对于数据传输，试想在 PASV 模式下，服务器为客户端指定了可以建立数据通道的端口，但是服务器在 PAT"背后"，服务器本身的 IP 表现为 PAT 网关的 IP+端口号，这个时候指定的 IP 是 PAT 网关的 IP，附加指定的端口号可能对应内网中其余设备在外网的 IP，因此就无法建立数据连接。但是这个时候，问题解决起来比较麻烦，因为并不能确定哪个服务器打开了哪一个端口，所以没办法设置网关端口到服务器端口的映射，这时使用 PORT 模式让服务器去连接客户端，效果会好一些。在上述的情况下，PAT 更像防火墙，把内网的设备隐藏在后面，支持内网对外网的访问，但是如果不做特定端口的映射，外网对内网设备的访问就有可能出现问题，一些 P2P 应用和特定端口的协议就没有办法运行，这也是 NAT 的缺点。

从上述总结来看，该学生对实验的掌握情况较好，能够体会不同 NAT 模式的不同应用场景，更难能可贵的是，其能够结合自己的实际来分析 NAT 的优缺点。

0.6.3 实例 3

"ARP 协议分析"实验主要针对在一个子网和不在一个子网的主机之间如何利用 ARP 协议进行通信进行学习。通过本实验，学生应对 ARP 的工作原理、使用场合及协议之间的工作顺序有一定体会。

本实验十分具有综合性，难度和要求逐级递进。从子网内的 ping 命令，到需要网关路由器进行转发的 ping 命令，再到最后 NAT 下的 ping 命令，需要对 NAT 协议、ping 命令基于的 ICMP、ARP 有一个系统的认识。

Cisco 模拟器的逐步运行转发、层层递进的问题设置，都对我理解这三个协议的交互原理起到了很大帮助。让我印象最深刻的，还是发现了 ping 第一个 ICMP 请求在 NAT 下超时的真正原因——ARP 请求的耗时是一部分，但是关键还是路由器选择丢包的行为。这在 Wireshark 的单纯抓包下是无法观察到的，在 Cisco 模拟器的逐步模拟下，得以最终解决这个困扰我很久的问题。

ARP 作为一系列协议分析的最后一个，达到网络层和链路层的交互之处，也为这一学期的实验课画上句号。感谢助教哥哥的实验设计，加深了我对计算机网络的理解。我在大二上了计算机网络的理论课，但是没有一起修实验课。当时对很多协议的理解都是建立在理论分析的基础上，对繁杂的协议和原理不甚理解，但是如今在抓包和逐步演示下，我对这些有了全面的认识，可谓温故知新！

　　从上述总结来看，该学生对实验的整体掌握情况较好，在实验小结中能够针对实验的过程进行分析和总结，并且通过实验很好地解决了理论课存在的问题。

工具与环境篇

- 第 1 章 路由器
- 第 2 章 交换机
- 第 3 章 Wireshark
- 第 4 章 Cisco Packet Tracer

第 1 章 路 由 器

路由器是 Internet 用来连接局域网和广域网的重要网络设备，它包括家用的小型路由器和企业级路由器。但是无论是在外观形状上，还是在性能和功能上，它们都存在很大的差别。企业级路由器的网口速度（决定单点传输效率。网口一般分为百兆网口、千兆网口乃至万兆网口）、包转发率（决定数据包转发的能力）和背板宽度（决定所有网口总的带宽吞吐量）等都是家用路由器无法比拟的。除此以外，企业级路由器还具备 VPN、流量控制、账号审计、防火墙等功能。本章将对企业级路由器进行简单介绍，目的是让学生对路由器有一个总体认识，为后面进行路由器相关实验打下基础。

1.1 初识路由器

路由器和某些网络设备的外观极其类似，如何才能快速有效地进行区分？首先应该看设备的产品信息标识符，如图 1-1 所示。图 1-1 中的设备型号为 Quidway R2509，其中 Quidway 为设备的生产厂商（华为）的英文名称，R 是 Router（路由器）的首字母，因此这是一台型号为 2509 的华为路由器。

图 1-1 华为 R2509 路由器

下面以华为 R2509 路由器为例，介绍路由器的面板。

1. 电源及开关

路由器正面最左端的 OFF-ON 按键为路由器电源开关，如图 1-2 所示。旁边标示 AC 的部件为电源插孔，并标有电压信息。

图 1-2 华为 R2509 路由器的电源及开关

2. Console 口

Console 口为路由器的控制口，如图 1-3 所示。对于大多数路由器来说，初次使用时只能通过 Console 口连接。进入路由器配置界面后，可以打开其他接口以方便远程管理路由器。如何连接 Console 口将在本章后续部分介绍。

3. AUX 口

AUX 口为路由器的异步控制口，如图 1-3 所示，一般作为辅助控制口与 Console 口一起提供给用户。例如，路由器布置于专网而无法通过 Telnet 登录时，就可以通过 AUX 口通过

Modem 拨号连接。

4. RJ-45 端口

RJ-45 端口是路由器最常见的接口,可以通过双绞线连接以太网。端口上方通常有一段由字母和数字组合而成的标识,例如,华为 R2509 路由器 AUX 口右边的 RJ-45 端口上方标有 10BASE-T,如图 1-3 所示,其

图 1-3　华为 R2509 路由器的各个端口

中 10 表示 10Mb/s 的传输速度,BASE 表示基带传输,T 表示非屏蔽双绞线。除此之外,RJ-45 端口对应两个指示灯,分别代表连接状态和传输状态。有设备接入时,连接状态指示灯亮起;有数据传输时,传输状态指示灯闪烁。对于千兆接口,传输状态指示灯一般可呈现两种颜色——黄色或橙色,分别代表当前传输速率为 1000Mb/s 或 100Mb/s。

5. AUI 口

AUI 口为粗同轴电缆的连接口,如图 1-3 所示,通常用于布置令牌环网和总线型网络。布置网络时,AUI 口通过粗同轴电缆线连接收发转换器,收发转换器实现 AUI 到 RJ-45 接头的转换。

6. SERIAL 口

SERIAL 口为高速同步口,如图 1-4 所示,可以实现路由器之间的连接,如企业网或校园网的异地专线连接、路由器的堆叠使用等。由于速度的限制,现在 SERIAL 口逐渐被光纤口代替。异地专网也可以使用 VPN 隧道技术实现。

图 1-4　华为 R2509 路由器的 SERIAL 口

7. ASYNC 口

ASYNC 口为异步串行口,如图 1-5 所示。与高速同步口不同,异步串行口的两端不需要相同的时钟频率,通信效率低,这使得对设备的要求相对宽松。

图 1-5　华为 R2509 路由器的 ASYNC 口

1.2　路由器的选择

通常情况下,选择一款符合需求的路由器主要考虑以下几个方面。首先,根据网络结构确定需要的接口类型和数量,例如,是否有多个网络接入点、是否考虑用专线接口等。其次,考虑其性能是否满足需求。路由器的性能主要体现在 CPU 频率、内存容量、全双工线速转发能力、包转发能力、端口吞吐量等。最后,还需考虑路由器是否具有所需功能,如 IPX、VPN、流量控制等。另外,一些路由器厂商还提供配套网管系统。

1.3 路由器的配置方式

路由器可以通过 Console、Telnet 和 Web 三种方式进行配置。

1. Console 配置方式

第一次使用路由器时，由于还未配置管理账号、密码和 IP 设置信息，所以必须从路由器的 Console 口进行连接。采用 Console 配置方式，需要通过专门的 Console 配置线，如图 1-6 所示。Console 配置线的一端为 RJ-45 接头（俗称网线水晶头），用于连接路由器的 Console 口；另一端为 DB9 接头，具有 9 针头的结构，用于连接计算机的 RS-232 接头，也称计算机 COM 口。

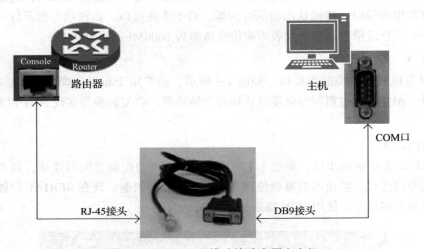

图 1-6 用 Console 线连接路由器和主机

如果主机未配置 COM 口，可以使用 USB 转 RS-232 的串口线进行转换，如图 1-7 所示。串口线的一端为 RS-232 接头，用于连接 Console 线的 DB9 口；另一端为 USB 接头，用于连接主机的 USB 口。

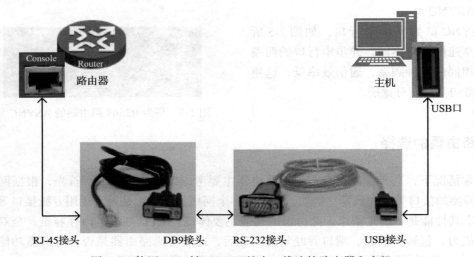

图 1-7 使用 USB 转 RS-232 的串口线连接路由器和主机

使用 USB 转 RS-232 的串口线时需要安装相应的驱动程序。安装完成后，可在计算机的设备管理器中看到 COM 端口的信息，如图 1-8 所示。其中 USB 转 RS-232 的串口线占用了计算机的 COM3 端口。

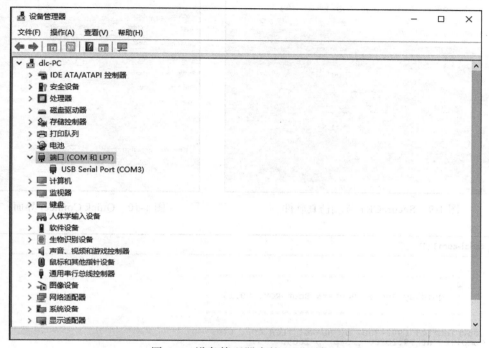

图 1-8　设备管理器中的 COM 端口

通过 Console 口连接路由器以后，Windows 系统需要使用终端仿真软件才能进入配置界面进行操作。Windows XP 系统自带终端仿真软件，使用时单击"开始"按钮，进入"附件"选项，找到"超级终端"程序。Windows 7 及其后发布的系统和 Windows Server 系列的系统默认没有"超级终端"，可以使用第三方终端仿真软件。最常见的第三方终端仿真软件有 SecureCRT 等，下面将以 SecureCRT 为例介绍如何登录路由器。在 SecureCRT 应用程序中，单击"Quick Connect"按钮，如图 1-9 所示。

当连接路由器以后，出现图 1-10 所示的配置界面及配置内容。配置的时候需要注意，"Port"选项需要选择对应的 COM 口（上例中占用 COM3 端口），"Baud rate"一般为"9600"（不同路由器的波特率可能不同），其他选项保持默认值。设置好后，单击"Connect"按钮连接。

出现图 1-11 所示的界面，即表示主机通过 Console 口与路由器连接成功。大多数华为路由器的默认用户名为 admin，密码为 admin@huawei。

2. Telnet 配置方式

通过路由器的 Console 口进行管理员账号、密码及权限的配置以后，管理员可以采用 Telnet 方式在任意一台主机上通过网络远程登录对路由器进行配置及管理。

3. Web 配置方式

除了上述两种登录方法，部分厂商的路由器还提供了图形化的 Web 管理界面。只要在浏览器中输入路由器的 IP 地址，如"HTTP://192.168.0.1"，并输入用户名和密码，即可通过 Web 页面连接路由器进行配置。

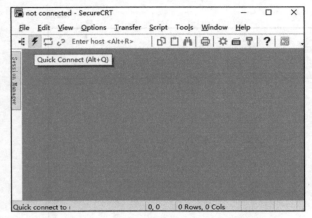

图 1-9　SecureCRT 终端仿真软件

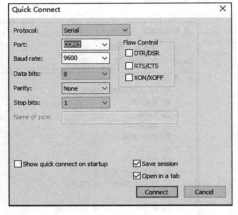

图 1-10　Quick Connect 界面

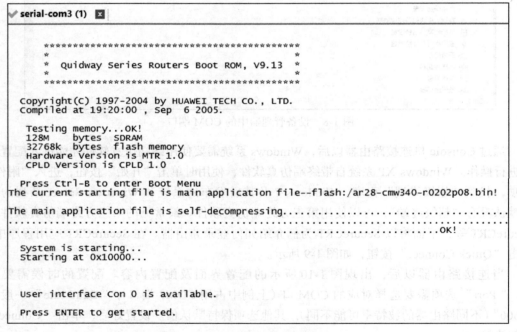

图 1-11　路由器连接成功

第 2 章 交 换 机

交换机一般用于局域网中连接主机、服务器或者其他交换机，它内部的背板（相当于个人计算机的主板）上连接有交换矩阵和接口线卡。通过接口线卡收到数据包后，交换机将查找 RAM 中的端口地址表（记录端口对应设备的 MAC 地址）以确定目标地址所在的端口，根据端口地址表，它将做出丢弃、转发和扩散的转发决策。在转发的过程中，交换矩阵用于实现数据的交换。知名的交换机生产商有思科、华为、华三、锐捷等。

2.1 初识交换机

交换机在外观上与路由器相似，设备上的机器型号可清楚地显示产品信息。例如型号为 H3C S5024P-EI 的设备，其中 H3C 为华三公司的英文名称，S 表示 Switch（交换机）。对于设备型号中的具体数字和字符，不同厂家有不同的命名规则。按照 H3C 公司的规定：5 表示全千兆盒式交换机，0 表示二层交换机，24 表示端口数量为 24 口，P 表示千兆 SFP 光口上行，EI 表示增强型。因此，从设备的型号中就可以看出交换机的基本信息。

★ H3C 公司的交换机型号以 S 开始，其后字符的命名规则如下。

第一位数字：9 表示核心机箱式交换机，7 表示高端机箱式交换机，5 表示全千兆盒式交换机，3 表示千兆上行 + 百兆下行盒式交换机；

第二位数字：5 以下（不含 5）表示二层交换机，5 以上（包含 5）表示三层交换机；

第三和四位数字：低端产品中用于区别不同系列产品，高端产品中表示端口数量；

第五和六位数字：低端产品中表示端口数量，高端产品省略；

第七位字母：C 表示扩展插槽上行，P 表示千兆 SFP 光口上行，T 表示千兆电口上行；

后缀：EI 表示增强型，SI 表示标准型，PWR-EI 表示支持 PoE 的增强型，PWR-SI 表示支持 PoE 的标准型。

下面以交换机 H3C S5024P-EI 设备为例介绍接口和指示灯，如图 2-1 所示。

图 2-1　H3C S5024P-EI 交换机

1. RJ-45 端口

RJ-45 端口是以太网最常见的端口，用于连接双绞线，支持 10Mb/s 和 100Mb/s 的传输速率。目前，千兆交换机也支持 1000Mb/s。企业级交换机的端口数量一般为 8 口、10 口、24 口、48 口等。如图 2-2 所示，该交换机具有 24 个 RJ-45 端口。

图 2-2　交换机以太网端口

2. SFP 端口

SFP（Small Form Pluggable，小型可插拔端口）是一种用于光信号和千兆位电信号之间互相转换的接口器件，如图 2-3a 所示。在连接光纤的尾纤时，交换机上的 SFP 端口必须插入 SFP 模块，如图 2-3b 所示。质量不过关的 SFP 模块在使用时容易出现发热现象，导致网络崩溃，请谨慎选择。

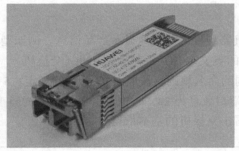

a）SFP 器件　　　　　　　　　　b）SFP 端口连接光纤的尾纤

图 2-3　交换机 SFP 端口

3. 端口指示灯

交换机的每一个端口都配有相应的指示灯，如图 2-4 所示。

指示灯通过不同状态提示网络的当前状态，如 H3C S5024P-EI，其端口指示灯的状态如表 2-1 所示。不同厂家的交换机指示灯状态表示的意义基本一致，但略有不同，要获取准确信息可以查阅产品使用手册。

图 2-4　交换机端口指示灯

表 2-1　H3C S5024P-EI 交换机端口指示灯的状态及含义

指示灯状态	含　义
灭	端口无连接或连接失败
黄灯长亮	端口工作在 10/100Mb/s 速率下，并连接正常
黄灯闪烁	端口工作在 10/100Mb/s 速率下，并正在收发数据
绿灯长亮	端口工作在 1000Mb/s 速率下，并连接正常
绿灯闪烁	端口工作在 1000Mb/s 速率下，并正在收发数据

4. Console 口

交换机的 Console 口接线方式与路由器的 Console 口接线方式类似，如图 2-5 所示。连接线的一头为 RJ-45 接头，另一头为 DB9 接头。RJ-45 接头端插入交换机 Console 口，DB9 接头端插入计算机 COM 口。若计算机没有配置 COM 口，可以用 USB 转 RS-232 的串口线进行转换，参考 1.3 节内容。

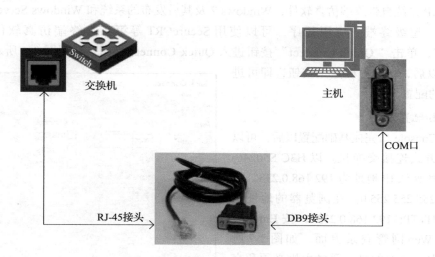

图 2-5　交换机 Console 口与主机接线

2.2　交换机的选择

在选择一款符合需求的交换机时，必须考虑应用需求，例如，是否用作核心交换机。主要从交换机的端口类型和数量、交换容量、背板带宽、支持 VLAN 的数量、是否支持堆叠、是否具有路由功能[⊖]等方面进行考虑。

目前高端交换机主要由背板电路和模块化的可扩展插槽组成。主控板通过硬件链路使得背板与各个接口卡相连。背板带宽是指主控板和接口卡之间通信的最大吞吐量，即交换机所有端口的最大容量。交换容量是指各接口卡之间所能提供的最大交换能力，即每个端口的最大交换能力。交换容量和背板带宽决定交换机的性能，但是背板带宽一般超出实际交换容量的支持，所以考虑交换机性能时需要特别注意其交换容量。对于大型局域网用户来说，还需要考虑第三层路由技术的优化。

★ 背板带宽的计算方式为背板带宽 = 端口数量 × 端口速率 ×2，其中 2 代表全双工模式。

2.3　交换机的配置途径

交换机可以通过 Console 口和 Web 进行连接配置。

1. Console 配置方式

目前的交换机基本无须配置，通电以后就可以直接使用。但是不推荐这么做，原因有三

⊖　三层交换机具有路由功能，旨在提高包转发率。

点。第一，当交换机的数量较多时，使用默认名称不便管理；第二，需要设置用户密码以提高安全性；第三，需要设置时钟和 NTP 时钟同步，以便发生意外事故时进行排查。

首次配置交换机需要通过 Console 口设置用户密码，然后通过以太网端口登录进行配置。其中，部分厂家的交换机只能通过 Console 口配置。

采用 Console 配置线连接交换机和主机以后，需要通过终端仿真软件才能进入配置界面。Windows XP 系统自带终端仿真软件，Windows 7 及其后发布的系统和 Windows Server 系列的系统没有"超级终端"应用程序，可以使用 SecureCRT 等第三方终端仿真软件。打开 SecureCRT，单击"Quick Connect"按钮进入 Quick Connect 界面，按照图 2-6 所示的参数进行配置以后，单击"确定"按钮，即可进入交换机的配置界面。

2. Web 配置方式

通过 Console 口完成基础配置以后，可以通过 Web 方式连接交换机。以 H3C S5024P-EI 为例，其默认 IP 地址为 192.168.0.233，子网掩码为 255.255.255.0。在浏览器的地址栏中输入"HTTP://192.168.0.233"，按 Enter 键即可进入 Web 网管登录界面，如图 2-7 所示。特别需要注意的是，登录主机必须和交换机处于同一子网中，同时连接使用的以太网口必须属于管理 VLAN。

登录主机的 IP 地址必须为 192.168.0.1～192.168.0.254 中任意值（不能与交换机 IP 地址 192.168.0.233 重复），且子网掩码为 255.255.255.0。默认情况下，H3C 交换机的管理 VLAN 为 VLAN1。若已经通过 Console 口为交换机划分了 VLAN，不论是基于 IP 的 VLAN，还是基于端口的 VLAN，则都必须保证连接的主机处于管理 VLAN。

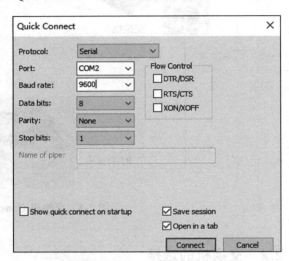

图 2-6 交换机"Quick Connect"界面

图 2-7 H3C S5024P-EI 的 Web 网管登录界面

第 3 章 Wireshark

Wireshark 是一个网络数据包分析器，能让用户从捕获的网络数据包中知道网络中发生了什么。在过去，类似的工具非常昂贵，或者属于某个营利性的机构。Wireshark 的出现则改变了这一现象，作为免费的开源软件，众多的开发者为其编写了上千种协议的解析插件，这使得它逐渐成为世界上使用较为广泛的网络协议分析软件。通过捕获的网络数据包，网络管理员可以探知网络故障，网络安全工程师可以用其排查安全隐患，开发人员可以调试新的协议，普通用户可以学习网络协议。

本书推荐使用 Wireshark 的目的是帮助分析网络协议的内容，理解协议的构成。因此本章将简单地介绍 Wireshark 的抓包原理和基本使用方法，以便读者完成后面几章的任务。如需进一步了解它的更多功能和用法，请参考官方网站（www.wireshark.org）的用户手册。在理解网络各种协议的基础上，如有兴趣还可参考官方网站上的开发者手册和源代码。⊖

3.1　Wireshark 的抓包原理

共享式以太网中的数据以广播的通信方式发送，采用 CSMA/CD 协议进行工作，也就是说，局域网内的每台主机都可以监听网络链路传输的数据帧。一般情况下，只有当数据帧中的目的地址与适配器的硬件地址（存储在适配器 ROM 中的 MAC 地址）一致时，适配器才接收数据帧，否则丢弃。但是，如果将适配器设置为"混杂模式"，那么它将接收所有经过它的数据帧。这为数据包的捕获提供了条件。

3.2　Wireshark 的使用方法

下面以 Wireshark 2.2.5 在 Windows Sever 2008 R2 平台上的运行情况为例介绍其使用方法。

1. 准备工作

Wireshark 仅能对一个网卡产生的数据包进行捕获，所以若主机存在多个网卡，则需要在捕获网络数据包之前，从中选择一个网卡作为捕获对象。双击打开 Wireshark 软件，在开始界面的"Capture"选项组的"Start"列表框中双击选中的网卡，如图 3-1 所示。

图 3-1　"Capture"选项组

⊖ 在 Wireshark 官方网站上可以下载其源代码。

在弹出的"Edit Interface Settings"对话框中确认网卡信息,并单击"OK"按钮开始数据包的捕获,如图 3-2 所示。

图 3-2 "Edit Interface Settings"对话框

2. 捕获数据包

Wireshark 的捕获功能十分强大,捕获方式多样,并且可以通过不同设置完成所需功能。最简单的操作是单击开始捕获按钮 ▲,开始实时捕获数据包。

(1) Wireshark 捕获引擎的特点
- 支持多种网络接口的捕获,如以太网、令牌环网、ATM 等;
- 支持多种机制触发停止捕获,如捕获文件的大小、捕获持续时间、捕获到的包的数量等;
- 捕获时同时显示包解码详情;
- 可设置过滤,有目的地查看相关数据包;
- 长时间捕获时,可以设置生成多个文件,对于时间特别长的捕获,可以设置捕获文件大小阈值、仅保留最后 N 个文件。

(2) Wireshark 捕获引擎的不足
- 不能从多个网络接口同时实时捕获,只能同时开启多个应用程序实体,捕获后进行文件合并;
- 不能根据捕获到的数据停止捕获或进行其他操作。

提示:有一些可能出现问题的地方需要注意:①必须拥有 root/Administrator 特权才能开始捕获;②必须选择正确的网络接口进行捕获。

3. 认识用户界面

Wireshark 主窗口如图 3-3 所示,下面详细介绍各部分功能。

(1) 主菜单

主菜单位于主窗口的最上方,如图 3-4 所示。在后面的分析中不会用到这些选项,所以这里不做过多介绍,需要时读者可自行查阅官方手册。

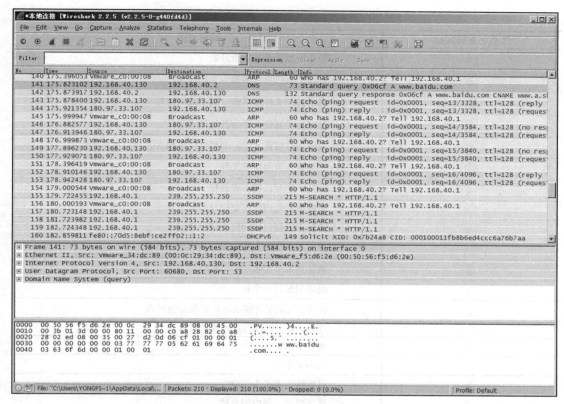

图 3-3 Wireshark 主窗口

图 3-4 Wireshark 主菜单

（2）主工具栏

主工具栏（main toolbar）位于主菜单的下方，如图 3-5 所示。它提供了快速访问常见项目的功能，也就是说，主工具栏相当于一个快捷方式集合，其提供的功能在主菜单中都可以找到。

图 3-5 Wireshark 主工具栏

主工具栏中的按钮只有在可以使用的时候才能被选择，否则显示为灰色，表示不可选。在后面的分析中，这些功能按钮经常用到，如表 3-1 所示。

表 3-1 Wireshark 主工具栏功能按钮

工具栏按钮图标	功能描述
	打开可捕获接口对话框
	开始一个新的捕获
	停止捕获

（续）

工具栏按钮图标	功能描述
	停止当前捕获并重新开始
	打开捕获选项对话框
	启动打开文件对话框，用于载入文件
	保存当前捕获文件为其他任意文件
	关闭当前捕获文件。如果文件未保存，会提示是否保存
	重新载入当前捕获文件
	打开一个对话框，查找包
	返回数据包访问历史记录中的上一个
	跳转到数据包访问历史记录中的下一个
	弹出一个跳转到指定编号的包的对话框
	跳转到第一个包
	跳转到最后一个包
	开启/关闭实时捕获时自动滚动包列表
	开启/关闭以彩色方式显示包列表
	增大字体
	减小字体
	设置缩放大小为100%
	重置列宽，使内容合适

（3）过滤工具栏

过滤工具栏（filter toolbar）用于编辑过滤规则，如图3-6所示。

图 3-6　Wireshark 过滤工具栏

过滤工具栏中各选项的功能如下：

- Filter：打开构建过滤器对话框；
- 输入框：在此区域输入或修改显示的过滤字符，在输入过程中会进行语法检查；如果输入的格式不正确，或者未完成输入，则背景显示为红色；
- Expression：打开一个对话框以从协议字段列表中编辑过滤器；
- Clear：重置当前过滤，清除输入框；
- Apply：应用当前输入框的表达式为过滤器进行过滤。

（4）包列表面板

包列表面板（packet list panel）用于显示所有当前捕获的包，如图3-7所示。列表中的每一行显示捕获文件的一个包。如果单击其中一行，则该包的更多情况会显示在包详情（packet detail）面板和包字节（packet byte）面板中。在分析包时，Wireshark 会将协议信息放到各列，包列表面板显示每个包封装的高层协议描述。

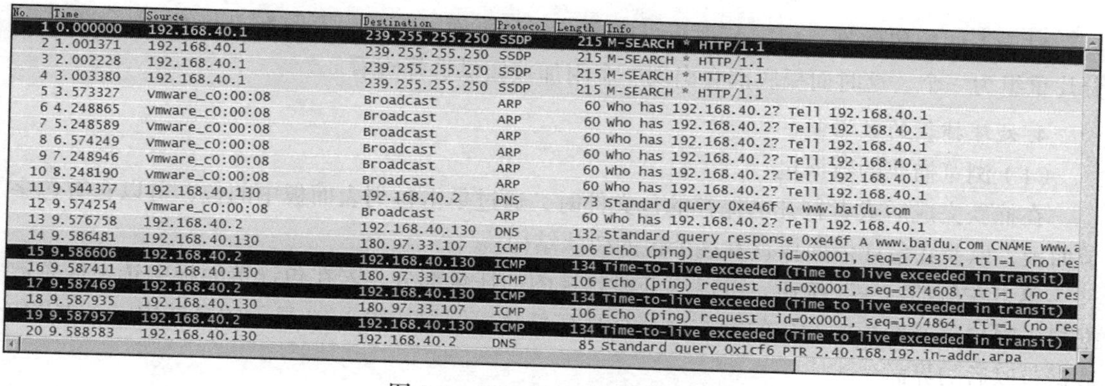

图 3-7 Wireshark 包列表面板

包列表面板中的默认列有如下项目：
- No：包的编号，编号不会发生改变，即使进行了过滤也同样如此；
- Time：包的时间戳。包的时间戳格式可以自行设置；
- Source：包的源地址；
- Destination：包的目标地址；
- Protocol：包的协议类型的简写；
- Info：包的内容附加信息。

（5）包详情面板

包详情面板显示包列表面板中所选中包的协议及协议字段，协议及协议字段以树状方式组织，如图 3-8 所示。在最左端有"+"和"-"按钮，单击展开后可以获得相关的上下文菜单。

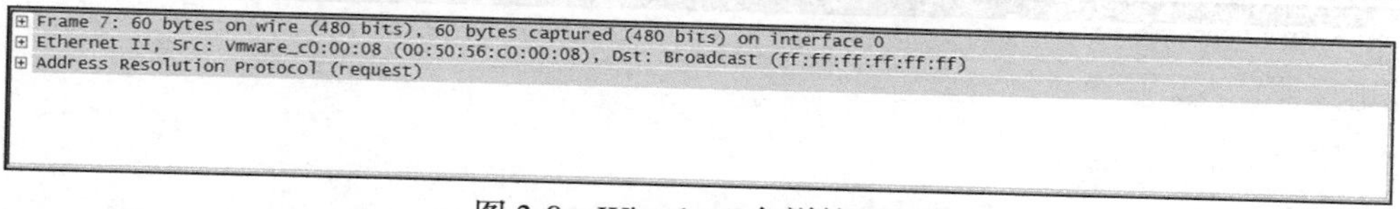

图 3-8 Wireshark 包详情面板

某些协议字段会以特殊方式显示，例如：
- Generated fields（衍生字段）：Wireshark 会将生成的附加协议字段加上括号。衍生字段通过结合与该包相关的其他包而生成。
- Links fields（链接字段）：如果 Wireshark 检测到当前包与其他包有关系，则产生一个到其他包的链接。链接字段显示为蓝色字体，并加有下划线，双击该链接字段则会跳转到对应的包。

（6）包字节面板

包字节面板以十六进制显示当前所选择包的数据，如图 3-9 所示。左侧显示包数据的偏移量，中间栏以十六进制表示，右侧显示对应的 ASCII 字符。

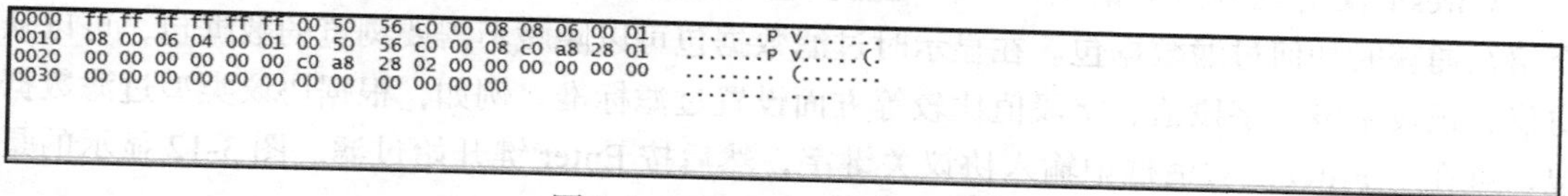

图 3-9 Wireshark 包字节面板

对于不同的包数据，包字节面板可能会有多个页面。例如，有时候 Wireshark 会将多个分片重组为一个，这时面板底部会出现一个附加按钮供选择查看。

4. 处理捕获的数据包

（1）浏览捕获的数据包

在捕获完成后或者打开已保存的包文件时，通过单击包列表面板中的包，可以查看包字节面板，以及在包详情面板查看这个包的树状结构。

单击左侧的"+"按钮，可以展开树状视图的任意部分。若在包详情面板中选中任意数据包，则包字节面板中对应的字节部分会高亮显示。例如，图 3-10 显示的是选中一个 ICMP 数据包以后的界面。

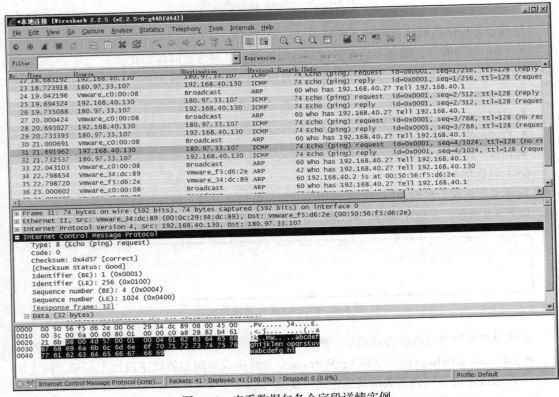

图 3-10 查看数据包各个字段详情实例

值得注意的是，当需要比较多个包的内容时，用户可以在包列表面板中选中需要浏览的包，右键单击，在弹出的快捷菜单中选择"Show Packet in New Window"命令，就可以在分离的窗口中单独浏览。图 3-11 显示的是打开了三个包的浏览窗口。

（2）过滤数据包

Wireshark 有两种过滤语法，一种在捕获包时使用，另一种在显示包时使用。这里暂不介绍在捕获时如何过滤数据包。在显示时过滤数据包可以隐藏不需要浏览的数据包，可以从协议、预设字段、字段值、字段值比较等方面设置过滤标准。例如，根据协议类型过滤数据包，可在"Filter"对话框中输入协议关键字，然后按 Enter 键开始过滤。图 3-12 显示的是用关键字"icmp"过滤数据包的结果。

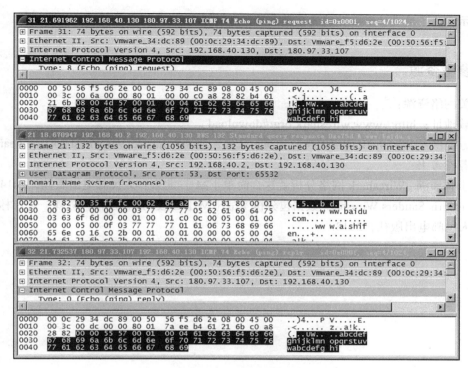

图 3-11 分窗口浏览包

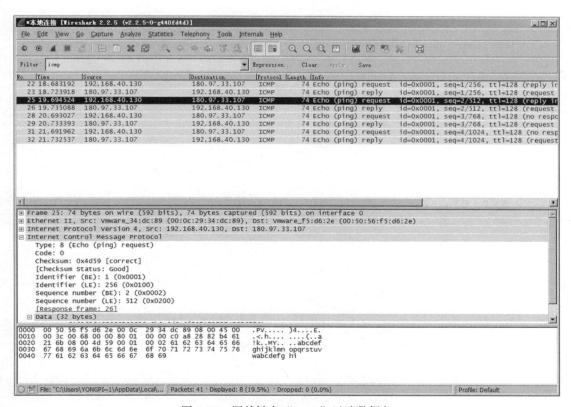

图 3-12 用关键字"icmp"过滤数据包

提示：除了通过协议名称过滤数据包外，Wireshark 还支持复杂的过滤规则。

3.3 参考资源

相关网络资源：

下载地址：http://www.wireshark.org/#download。

官方提供了 Wireshark 使用的视频和演示文稿，地址为 http://www.wireshark.org/#learnWS。

推荐参考书：

［1］林沛满. Wireshark 网络分析就这么简单［M］. 北京：人民邮电出版社，2014.

［2］Chris Sanders.Wireshark 数据包分析实战［M］. 2 版. 诸葛建伟，陈霖，许伟林，译. 北京：人民邮电出版社，2013.

第 4 章
Cisco Packet Tracer

 Cisco Packet Tracer 是 Cisco 公司开发的一款网络仿真工具软件，为网络初学者提供了设计、配置及排除网络故障的网络模拟环境。在计算机网络实验课程中，Packet Tracer 是一个非常重要的工具，通过 Packet Tracer，学生可以在图形化的界面中通过拖曳的方法建立网络拓扑结构，在软件中配置各个设备，以及查看数据包在网络中的传送情况，观察网络的实时运行情况。

4.1 Cisco Packet Tracer 的使用方法

Cisco Packet Tracer 提供了组建网络所需要的大部分设备。在使用时，直接将所需要的设备拖曳至拓扑区，用特定的链路连接设备，然后根据具体的需求进行操作即可。下面分别介绍软件界面、网络设备连接及配置的基本操作方法。

1. 用户主界面

Cisco Packet Tracer 的用户主界面如图 4-1 所示。

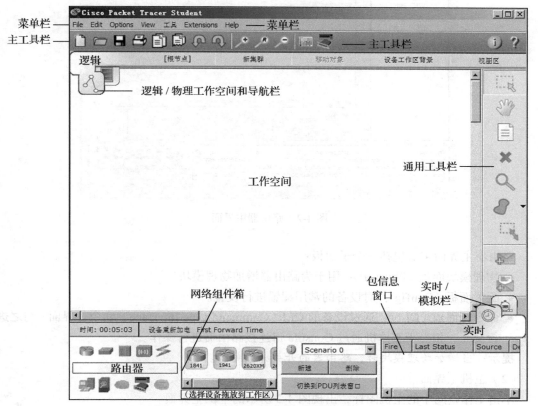

图 4-1　Cisco Packet Tracer 的用户主界面

用户主界面中各个子部分的名称和主要功能如下：
- 菜单栏：用于打开和保存网络配置文件及界面的设置。
- 主工具栏：包含打开、保存网络配置文件等基本操作的快捷按钮。
- 逻辑/物理工作空间和导航栏：实现逻辑工作空间和物理工作空间之间的切换。
- 工作空间：构建网络拓扑的主界面。
- 通用工具栏：提供工具以便选中、移动、删除网络设备和查看网络设备信息等。
- 网络组件箱：包含所有构建网络时用到的网络组件。
- 包信息窗口：查看包的详细信息。
- 实时/模拟栏：实现实时模式和模拟模式之间的切换。

2. 网络设备操作界面

（1）路由器主界面

单击工作空间中的路由器图标，出现图 4-2 所示的路由器主界面。

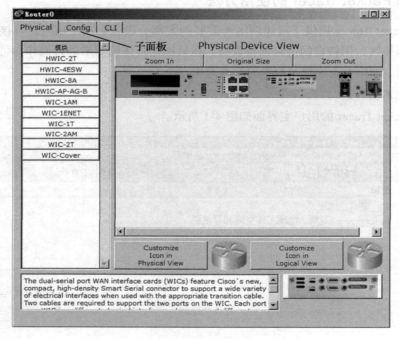

图 4-2　路由器主界面

路由器主界面主要包括三个子面板：
- 物理模块面板（Physical）：用于为路由器增加物理模块。
- 配置面板（Config）：对设备的常用配置进行设置。
- 命令行面板（CLI）：通过设备的 CLI（Command Line Interface，命令行界面）与之进行交互，相当于实体机通过 Console 口连接路由器进行操作。

提示：当增加物理模块时，路由器的开关必须关闭。

（2）主机主界面

单击工作空间中的主机图标，出现图 4-3 所示的主机主界面。

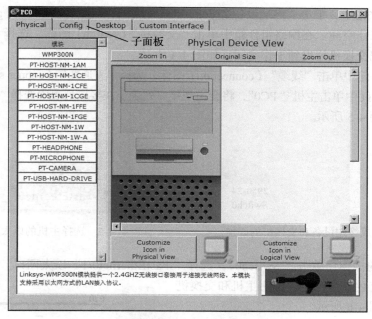

图 4-3 主机主界面

主机主界面主要包括四个子面板：
- 物理模块面板（Physical）：用于为设备增加物理模块。
- 配置面板（Config）：对设备的常用配置进行设置。
- 桌面面板（Desktop）：对主机的一些常用功能模块进行设置。
- 自定义接口面板（Custom Interface）：根据用户需要登录 net.netacad.cisco.PcSoftware 下载模块。

3. 网络组件的连接

对于网络组件的连接，常用链路有直通线、交叉线和串口线。
- 直通线：用于连接不同的设备，如交换机和主机、交换机和路由器。
- 交叉线：用于连接相同的设备，如主机和主机、交换机和交换机。
- 串口线：用于串口的连接，通常用在广域网的连接中，即在路由器与路由器进行跨内网的连接时，应使用这种链路。Cisco Packet Tracer 6.1sv 提供了 DCE 和 DTE 两种连接方式。

提示：下面给出一些补充知识。

DTE：数据终端设备，具有一定的数据处理能力和数据收发能力。DTE 提供或接收数据，例如，连接到调制解调器上的计算机就是一种 DTE。

DCE：数据传输设备，它在 DTE 和传输线路之间提供信号变换和编码功能，并负责建立、保持和释放链路的连接。

DTE 和 DCE 的区分本质上是针对串行端口的，路由器通常通过串行端口连接广域网。DCE 提供时钟，DTE 不提供时钟，但它依靠 DCE 提供的时钟工作。

（1）主机和交换机的连接

下面以主机和交换机的连线为例，说明网络组件的连接方法。

在网络组件箱中，单击"终端设备"(end device)图标，选择"通用"(generic)选项，把主机拖曳到工作空间。在网络组件箱中单击"交换机"(switch)图标，选择"2950-24"型号的交换机，把交换机拖曳到工作空间，如图4-4所示。

在网络组件箱中单击"线缆"(connection)图标，选择"直通线"(copper straight-through)选项。在工作空间中单击主机"PC0"，将会出现接口列表。在接口列表中选择"FastEthernet0"以太网口，如图4-5所示。

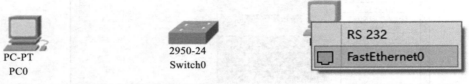

图4-4 完成终端设备和交换机的添加　　　　图4-5 选择主机的以太网口

按照相同的操作，单击"Switch0"，选择"FastEthernet0/1"以太网口。等待一段时间后，两端灯由红色变为绿色，说明主机和交换机连接成功，如图4-6所示。

连接其他网络设备时选择相应的线缆进行类似操作即可。

图4-6 主机和交换机连接成功

(2) 路由器之间的连接

路由器之间的连接相对特殊，路由器之间需要使用专门的串口线连接Serial口。在Cisco Packet Tracer中，路由器默认未自带Serial口，用户需要主动添加接口模块。连接两个路由器的具体步骤如下。

1) 需要添加并配置接口模块。单击路由器，就可以进入路由器主界面的物理模块面板，关闭路由器电源。然后在"模块"列表框中找到WIC-2T模块，选中该模块并将其拖曳至模块槽，最后打开电源，如图4-7所示。

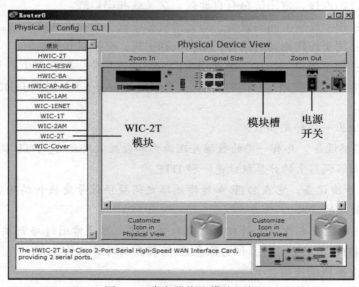

图4-7 路由器物理模块面板

切换到配置面板，可以看到路由器增加了 Serial0/0/0 和 Serial0/0/1 两个接口，如图 4-8 所示。

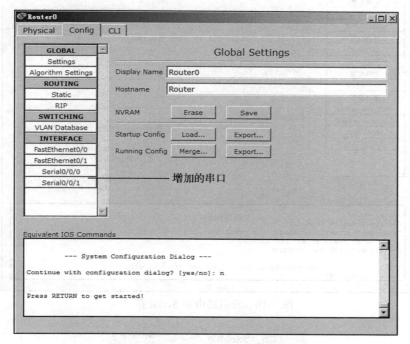

图 4-8　路由器配置面板

提示：与 FastEthernet 接口不同，Serial 口一般用于连接广域网。

2）使用串口线 DCE 连接路由器两端的 Serial 口。DCE 线的选择方法与"主机连接交换机"的方法类似，这里不再赘述。连线完成后，可以看到此时两个路由器仍然不通，如图 4-9 所示。这是因为路由器和交换机不同，路由器的端口默认是关闭的，需要将其端口打开。

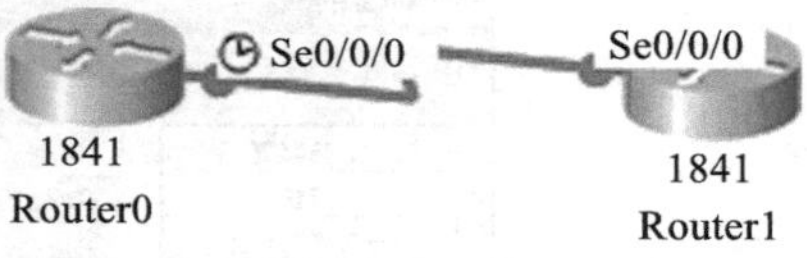

图 4-9　两台路由器未连通

3）打开路由器的 Serial 口。在路由器的配置面板中选中左侧的 Serial0/0/0 端口，然后在右侧"Port Status"（端口状态）一栏中勾选 On 复选框，端口即可打开⊖，如图 4-10 所示。

完成上述步骤后，可以看到路由器之间已经成功连通，如图 4-11 所示。

（3）设备的删除

在不需要某个设备时，单击通用工具栏中的 图标，即可删除选中的设备。

4. 设备的基本配置

（1）路由器的 IP、子网掩码的配置

单击路由器，进入路由器配置面板，选中任意一个接口，在"IP Configuration"选项组中设置 IP 地址和子网掩码即可，如图 4-12 所示。

提示：一般模拟器会自动匹配一个子网掩码，如果不符合需要，则可自行改动。

⊖　也可以用路由器命令 no shutdown 实现。

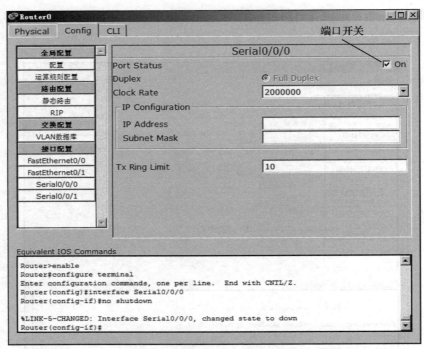

图 4-10　开启路由器 Serial 接口

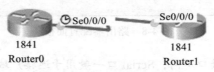

图 4-11　两台路由器成功连接

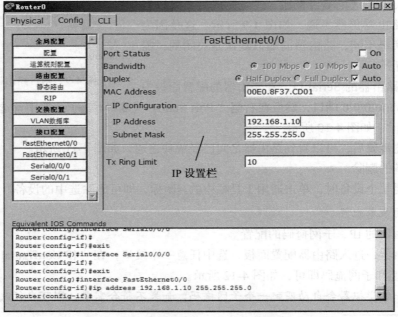

图 4-12　路由器 IP 地址和子网掩码的配置

另外，也可以使用路由器自带的CLI进行设置。切换到路由器CLI，输入代码4-1所示的命令，同样可以完成设置。

代码 4-1

```
Router>enable            //进入特权模式
Router#config terminal   //进入配置模式
Enter configuration commands, one per line.  End with CNTL/Z.
Router(config)#interface Serial0/0/0
Router(config-if)#ip address 192.168.1.10 255.255.255.0
Router(config-if)#exit
```

提示：">"表示用户模式，"#"表示特权模式，"config"表示配置模式，"config-if"表示具体到某一个接口的配置模式。配置方法详见7.3节。

"config terminal"可以简写成"conf t"，其他命令也可以进行类似的简写。

（2）主机的IP、子网掩码、默认网关的配置

单击工作空间中的主机，进入桌面面板，在"IP Configuration"选项组中依次输入IP地址、子网掩码、默认网关[ⓐ]，如图4-13所示。

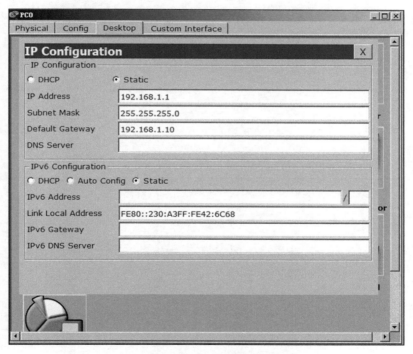

图4-13 设置主机的IP地址、子网掩码、默认网关

4.2 参考资源

相关网络资源：

- Packet Tracer是一款由Cisco公司提供的免费网络仿真软件，其相关资料可以在Cisco

ⓐ 切记要配置默认网关，否则会出现无法ping通的情况。

网络学院的官方网址上获取。
- 在完成 Cisco 网络学院的账号注册后,进入 Packet Tracer 在线课程后即可下载。下载地址为 http://www.netacad.com/courses/packet-tracer-download。该课程可以使读者学会使用 Packet Tracer,并快速提高网络相关技能。其中关于 Packet Tracer 的介绍部分是免费的。

推荐参考书:

[1] Mark A Dye,Rick McDonald,Antoon W Rufi. 思科网络技术学院教程 CCNA Exploration:网络基础知识[M]. 思科系统公司,译. 北京:人民邮电出版社,2008.

[2] Scott Empson,Cheryl Schmidt. 思科网络技术学院教程:路由和交换基础[M]. 思科系统公司,译. 北京:人民邮电出版社,2014.

[3] Bob Vachon,Allan Johnson. 思科网络技术学院教程:路由和交换基础[M]. 6版. 思科系统公司,译. 北京:人民邮电出版社,2018.

基础实验篇

- 第 5 章　应用层实验
- 第 6 章　传输层实验
- 第 7 章　网络层实验
- 第 8 章　链路层实验

第 5 章 应用层实验

应用层位于 TCP/IP 协议体系的第五层，其主要功能是为用户提供各种网络应用服务。应用层协议定义了通信进程之间传输的报文格式，以及发送和接收数据包以后的行为，其目的是保证应用程序之间的通信。不同类型的网络应用有不同的通信规则，因此应用层协议是多种多样的。在应用层协议的学习过程中，协议的工作原理（即通信规则）是要求学生重点掌握的内容，为此，在协议分析实验中，本书设计了协议相关的问题，便于学生能够在实验过程中更好地掌握理论课所涉及的知识点。

本章包括六个应用层实验，可以帮助学生了解应用层常见协议的工作原理及配置方法。本章实验主要借助于 Wireshark 软件截获数据包，通过对数据包的分析了解协议的报文格式及报文各字段的语义，从而掌握这些协议的工作原理；本章最后设计了两个网络应用的编程实验，目的是帮助学生了解网络应用程序的开发方法，同时通过编程让学生更加深入地了解传输层 TCP 和 UDP 是如何帮助应用程序传送数据信息的，以及不同传输层为应用层提供的服务的差异在编程中是如何体现的。

5.1 Web 服务器的搭建及 HTTP 协议分析

5.1.1 实验背景

在 Internet 飞速发展的今天，互联网成为人们传递和共享信息的重要渠道。越来越多的网络环境下的 Web 应用系统应运而生，利用 HTML、CGI 等 Web 技术可以在互联网下实现各种应用并且可以快速地检索及访问互联网上的超媒体资源。Web 服务的核心是 HTTP 协议，它是客户端浏览器或其他程序与 Web 服务器之间的应用层通信协议。Web 服务采用传统的 C/S（Client/Server，客户机/服务器）模式，由客户端向服务器发出 HTTP 请求，服务器接收请求并返回 HTTP 响应，响应报文可以包含客户端需要访问的资源。

Web 服务还经常采用 B/S（Browser/Server，浏览器/服务器）模式，它是对 C/S 模式的一种改进。从本质上说，B/S 结构也是一种 C/S 结构，它是一种由传统的二层模式 C/S 结构在 Web 应用上的特例。

5.1.2 实验目标与应用场景

1. 实验目标

在 Windows 环境下，通过使用 IIS 和 Apache 两种不同的 Web 服务器应用系统搭建 Web 服务器，让学生了解服务器的搭建方法。通过对 HTTP 报文的分析，掌握协议的原理及工作过程。在实验过程中，需要掌握以下知识点：

1）IIS 组件的安装及在 IIS 下 Web 服务器的搭建。

2）Apache 的安装及在 Apache 下 Web 服务器的搭建。

3）HTTP 报文的结构及工作原理。

4）HTTP 的 Conditional GET 报文的工作原理。

2. 应用场景

当使用 ASP、PHP 等语言制作网站以后，需要通过 Web 服务将其发布出来，从而让网络上的用户能够访问网站的信息。基于 B/S 工作模式的网站都需要搭建 Web 服务器来发布。搭建 Web 服务器的应用系统多种多样，如本实验涉及的 IIS 和 Apache。除了这两种 Web 服务器应用系统外，常见的还有 Nginx、LigHTTPd 等。

5.1.3 实验准备

实验要求在 Windows 环境下利用 IIS 搭建 Web 服务器，同时对 HTTP 的报文进行捕获和分析。实验前需要了解下面相关知识：

1）Windows IIS 和 Apache。

2）Wireshark 的使用方法。

3）HTTP 的工作原理。

5.1.4 实验平台与工具

1. 实验平台

Window Server 2008 R2 SP1

2. 实验工具

Apache HTTPd[⊖]，Wireshark

5.1.5 实验原理

1. HTTP

HTTP（Hypertext Transfer Protocol，超文本传输协议）是一个应用层的协议，可用于分布式的、协作的、超媒体信息系统。作为一种通用的、无状态的、面向对象的协议，HTTP 可以通过扩展请求的方法来实现多种用途，如构建名称服务器和分布式对象管理系统。HTTP 的特性是数据表现形式可以在 HTTP 报文的标题行中进行定义和协商，这就允许系统能够独立于数据传输构建。

2. HTTP 报文格式

HTTP 报文包括请求报文和响应报文。请求报文的第一行称为请求行，后面有若干标题行，标题行和实体部分通过一个空行分隔，请求报文的格式如图 5-1 所示。

HTTP 常用请求报文的标题行字段：

- User-Agent：表示客户端使用的操作系统和浏览器的名称及版本。
- If-Modified-Since：表示浏览器在判断当前缓存的页面是否被修改所使用的重要的字段。浏览器把页面的最后修改时间发送到服务器，服务器会把这个时间与服务器上的实际文件的最后修改时间做对比。如果时间一致，那么返回 304，浏览器直接使用本

⊖ Apache HTTPd 下载地址：HTTP://HTTPd.apache.org。

地缓存文件；如果时间不一致，那么返回 200 和新的文件内容，从而保证客户端从缓存中得到的信息都是最新信息。
- Accept：表示浏览器支持的 MIME 类型。
- Accept-Encoding：表示客户端浏览器可以支持的 Web 服务器返回内容压缩编码类型。
- Accept-Language：表示 HTTP 客户端浏览器用来展示返回信息所优先选择的语言。
- Accept-Charset：表示浏览器可以接受的字符编码集。
- Referer：包含一个 URL，表示用户从该 URL 代表的页面出发访问当前请求的页面。
- Connection：表示是否需要持久连接。Connection: close 表示当传送完一个文件以后，客户端和服务器之间的 TCP 连接被关闭；Connection: Keep-Alive 表示传送完一个文件以后，客户端和服务器之间的 TCP 连接被保持，如果客户端再次访问这个服务器上的网页，则会继续使用这一条已经建立的连接。
- Keep-Alive：HTTP 连接的 Keep-Alive 时间，即在规定的时间内，连接不会断开。
- Host（发送请求时，该标题字段是必需的）：表示指定被请求资源的 Internet 主机和端口号，它通常从 HTTP URL 中提取出来。HTTP/1.1 请求必须包含主机头域，否则系统会返回 400 状态码。
- Cookie：HTTP 请求发送时，浏览器会把保存在该请求域名下的所有 Cookie 值全部发送给 Web 服务器。
- Content-Length：表示请求消息正文的长度。

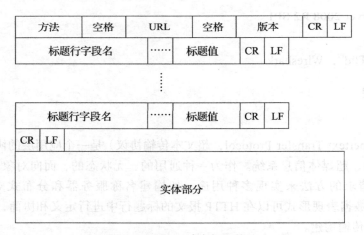

图 5-1　HTTP 请求报文格式

HTTP 响应报文的第一行称为状态行，后面紧跟若干标题行。标题行和实体部分通过空行分隔，响应报文的格式如图 5-2 所示。

HTTP 常用响应报文的标题行字段：
- Date：表示响应报文发送的时间。
- Set-Cookie：非常重要的标题行，用于把 Cookie 发送到客户端浏览器，每写入一个 Cookie 都会生成一个 Set-Cookie。
- Last-Modified：表示指示资源的最后修改日期和时间。
- Content-Type：表示 Web 服务器响应对象的类型和字符集。

- Content-Length：表示实体正文的长度，以字节方式存储的十进制数字来表示。
- Content-Encoding：表示 Web 服务器使用的压缩方法（gzip、deflate）压缩响应中的对象。只有在解码之后才可以得到 Content-Type 头指定的内容类型。利用 gzip 压缩文档能够显著地减少 HTML 文档的下载时间。
- Server：表示 HTTP 服务器用来处理请求的软件信息。
- Connection：表示服务器是否同意使用持久连接。Connection: close 表示当传送完一个文件以后，客户端和服务器之间的 TCP 连接被关闭；Connection: Keep-Aliv 表示传送完一个文件以后，客户端和服务器之间的 TCP 连接被保持，如果客户端再次访问这个服务器上的网页，则会继续使用这一条已经建立的连接。
- Refresh：表示浏览器应该在多少时间之后刷新文档，以秒为单位计算。

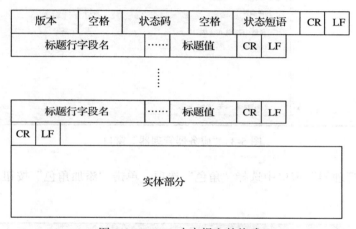

图 5-2　HTTP 响应报文的格式

3. Web 服务器软件

IIS（Internet Information Services，Internet 信息服务）最初是 Microsoft 公司发布于 Windows NT 系列的可扩展 Web 服务组件，后来被置于 Windows 系统的多个版本上。它支持 HTTP、HTTPS、FTP、FTPS、NNTP、SMTP 等服务。作为 Windows 系统中的服务组件，它只能运行在 Windows 平台下。

Apache 是由 Apache 软件基金会主持和维护的开源 Web 服务器软件。它常见于 UNIX 类系统，尤其是 Linux 系统，同时支持 Windows 系统。因其在不同操作系统中的配置步骤类似，Apache 的可移植性很高。与 IIS 相比，Apache 具有支持平台广、扩展性强、相对稳定和安全等特点。

5.1.6　实验步骤

本实验主要分为两个主要任务，即 Web 服务器的搭建（IIS 和 Apache）和利用 Wireshark 截获 Web 服务的数据包，通过对数据包的分析了解 HTTP 的工作过程，实验步骤如下。

第一步：IIS 下 Web 服务器的安装与 Web 服务的配置；

第二步：Apache 下 Web 服务器的安装和 Web 服务的配置；

第三步：HTTP 协议分析。

- 获取 HTTP 协议请求报文（以 GET 命令为例）及应答报文并进行分析。
- 获取 HTTP 协议中 Conditional GET 报文并分析其工作原理。

1. IIS 下 Web 服务器的安装与 Web 服务的配置

在 Windows Server 操作系统下，选择"开始"→"管理工具"选项，打开"服务器管理器"窗口，如图 5-3 所示。

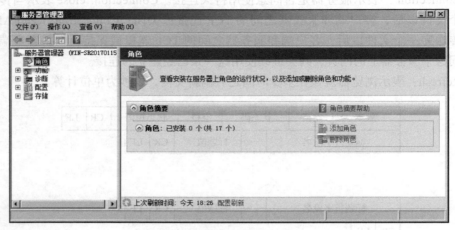

图 5-3 "服务器管理器"窗口

在"服务器管理器"窗口中选择"角色"选项，单击"添加角色"按钮，出现图 5-4 所示的界面。

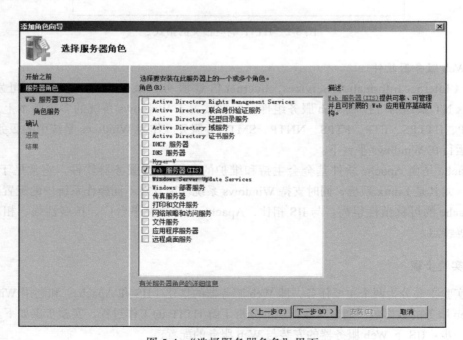

图 5-4 "选择服务器角色"界面

在"选择服务器角色"界面中，勾选"Web 服务器（IIS）"复选框，单击"下一步"按钮，开始安装 IIS 组件。首先，需要选择 Web 服务器（IIS）安装的角色服务，如图 5-5 所示。本实验旨在完成 Web 服务的配置，所以选择系统默认选项，然后单击"下一步"按钮。

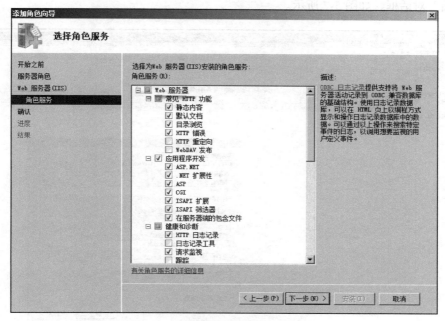

图 5-5 "选择角色服务"界面

Web 服务安装成功以后，Web 服务器会自动启动一个默认的站点供用户测试。打开浏览器，在地址栏中输入"http://localhost"，若出现图 5-6 所示界面，则表明 IIS 服务器可正常运行，能够提供 Web 服务。

图 5-6 默认网站界面

如果要发布自己的网站，则可以新建一个 Web 站点。在"Internet 信息服务（IIS）管理器"窗口中选择"网站"选项，右击，在弹出的快捷菜单中选择"添加网站"命令，弹出"添加网站"对话框，如图 5-7 所示。

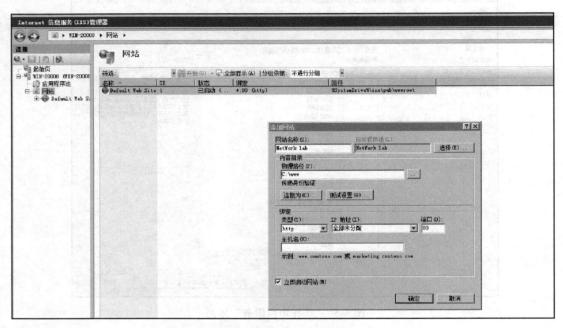

图 5-7 "添加网站"对话框

在"添加网站"对话框中，输入网站名称"NetWork lab"（实验者可以任意取名），配置内容目录存放的物理路径"C:\www"（要求网站的所有信息存放在该目录下），配置 IP 地址及提供 Web 服务的端口。端口可以自行设置，但是一个端口只能提供一个服务。主机名是配置主机的域名，如果没有提供 DNS 服务，则可以不配置该项。配置完网站的默认基本信息，还需要配置网站访问时默认的首页文件。双击新建的网站"NetWork lab"，进入图 5-8 所示的界面。

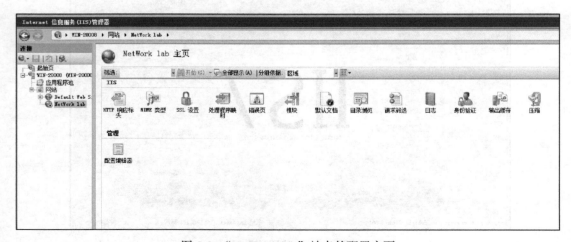

图 5-8 "NetWork lab"站点的配置主页

在图 5-8 中双击"默认文档"图标，出现图 5-9 所示的"默认文档"界面，IIS 的默认文档是默认当前网站的首页文件的文件名列表。如果新建网站的首页使用列表中的文件名，则不需要进行配置；如果使用不在默认文档列表的文件名作为网站首页，则需要在"默认文档"界面空白处右击，在弹出的快捷菜单中选择"添加…"命令，打开图 5-10 所示的"添加默认文档"对话框，输入新建网站的默认首页文件名"mainindex.htm"。通过默认文档的配置，用户在访问网站时只需要输入地址信息而不需要输入首页的文件名，就可以看到首页信息。

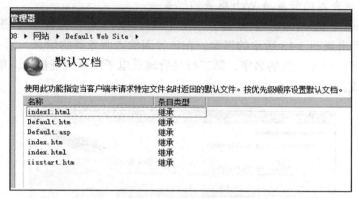

图 5-9　默认文档列表

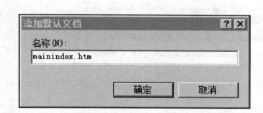

图 5-10　"添加默认文档"对话框

Web 服务器配置完成以后，可以进行 Web 服务测试。打开记事本创建一个简单的网页，在记事本中输入图 5-11 所示的信息，将文件保存为 mainindex.htm，并存放到 C:\www 目录下。

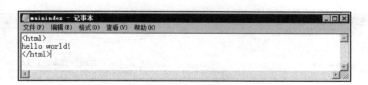

图 5-11　使用记事本编辑网站首页

打开浏览器，在地址栏中输入"localhost"或者 IP 地址就可以在浏览器中显示网站的首页信息，如图 5-12 所示。如果配置的时候没有使用默认的 80 端口，则在地址栏中输入地址信息的时候必须要加入端口号（如 localhost: 8080）才能访问网站。

提示：如果输入地址不能正确得到首页的内容，而只是得到目录信息，则说明没有配置默认文档，即网站访问的首页的文件名。

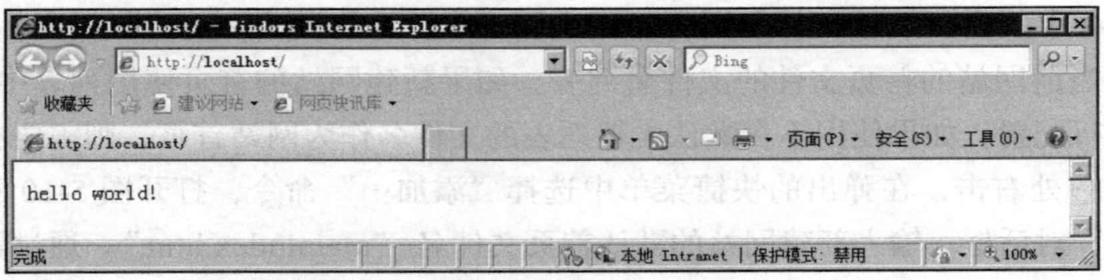

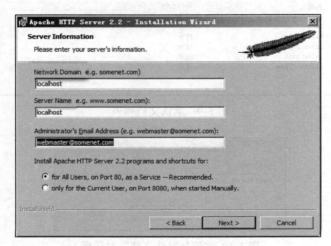

图 5-12 访问创建的新站点

2. Apache 下服务器的安装与 Web 服务的配置

下载 Windows 下的 Apache 服务器安装包以后，双击安装包安装服务器，一直单击"Next"按钮直到出现图 5-13 所示的界面。在该界面输入服务器的信息，第一行输入服务器所在域的名称，第二行是主机的名字，第三行是管理员电子邮件地址信息。单击"Next"按钮，直至安装完成。

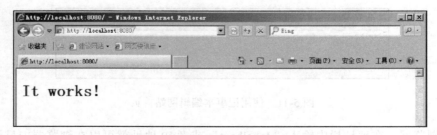

图 5-13 "Server Information"界面

在浏览器地址栏中输入"http://localhost"，如果 Apache 服务器正常运行，则浏览器显示"It works!"字样，如图 5-14 所示。

图 5-14 Apache 服务器正常运行界面

Apache 的 Web 服务器配置工作主要通过 HTTPd.conf 配置文件来完成。
（1）设置网站根目录

在 HTTPd.conf 文件中，"DocumentRoot"和"This should be changed to whatever you set

DocumentRoot to.”这两处设置的是网站根目录路径，将 Apache 的默认路径“C:/Program Files（x86）/Apache Software Foundation/Apache2.2/htdocs”修改为网站所在的路径“C:/www”，如图 5-15 所示。

（2）设置网站的首页文件

在 HTTPd.conf 文件中查找“DirectoryIndex”所在位置，配置网站的首页文件，多个首页文件可以以半角空格隔开，服务器会根据从左至右的顺序来优先显示，如图 5-16 所示。

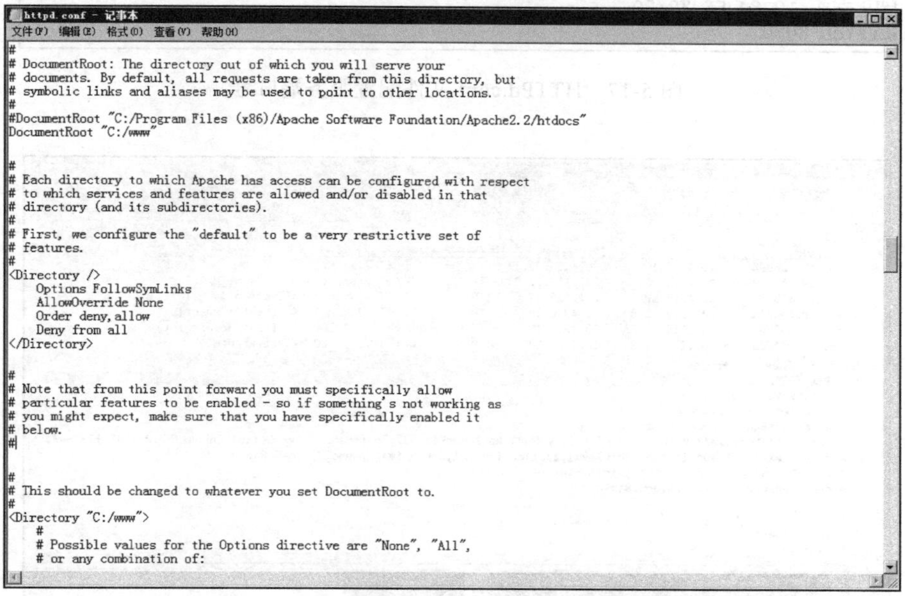


```
#
# DocumentRoot: The directory out of which you will serve your
# documents. By default, all requests are taken from this directory, but
# symbolic links and aliases may be used to point to other locations.
#
#DocumentRoot "C:/Program Files (x86)/Apache Software Foundation/Apache2.2/htdocs"
DocumentRoot "C:/www"

#
# Each directory to which Apache has access can be configured with respect
# to which services and features are allowed and/or disabled in that
# directory (and its subdirectories).
#
# First, we configure the "default" to be a very restrictive set of
# features.
#
<Directory />
    Options FollowSymLinks
    AllowOverride None
    Order deny,allow
    Deny from all
</Directory>

#
# Note that from this point forward you must specifically allow
# particular features to be enabled - so if something's not working as
# you might expect, make sure that you have specifically enabled it
# below.
#

#
# This should be changed to whatever you set DocumentRoot to.
#
<Directory "C:/www">
    #
    # Possible values for the Options directive are "None", "All",
    # or any combination of:
```

图 5-15 HTTPd.conf 文件配置根目录路径

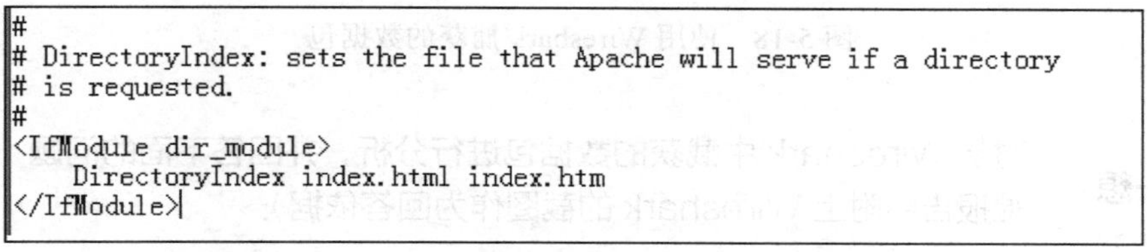

```
#
# DirectoryIndex: sets the file that Apache will serve if a directory
# is requested.
#
<IfModule dir_module>
    DirectoryIndex index.html index.htm
</IfModule>
```

图 5-16 HTTPd.conf 文件配置网站首页文件

（3）设置服务器的端口号

在 HTTPd.conf 查找 Listen 端口（一般为 80 端口），也可以将其改为别的端口（如改为 8080 端口），如图 5-17 所示，则访问 URL 为“http://Localhost: 8080”。

3. HTTP 协议分析

（1）获取 HTTP 协议请求报文（以 GET 命令为例）及应答报文并进行分析

在跟踪 Web 数据包的工作过程之前，为了获取完整的实验数据，需要将当前主机浏览器的高速缓存清空，以确保 Web 网页是从网络中获取的，而不是从高速缓存中获取的。

1）打开 Wireshark，启动 Wireshark 分组俘获器；

2）在 Web 浏览器地址栏中输入“https://cs.scu.edu.cn”，并按 Enter 键；

3）停止分组捕获，如图 5-18 所示；

4）在过滤器中输入"http"，则只显示 HTTP 报文。

```
# Listen: Allows you to bind Apache to specific IP addresses and/or
# ports, instead of the default. See also the <VirtualHost>
# directive.
#
# Change this to Listen on specific IP addresses as shown below to
# prevent Apache from glomming onto all bound IP addresses.
#
#Listen 12.34.56.78:80
Listen 8080
```

图 5-17　HTTPd.conf 文件配置服务端口号

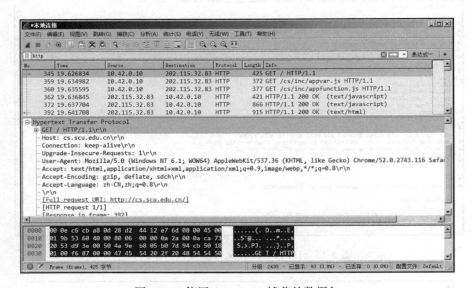

图 5-18　使用 Wireshark 捕获的数据包

 对从 Wireshark 中截获的数据包进行分析，并回答下面的问题（需要在实验报告中附上 Wireshark 的截图作为回答依据）：

1）浏览器和服务器所运行的 HTTP 版本号是多少？

2）浏览器支持的语言类型在哪里可以查看？当前截获的数据包的浏览器所支持的语言类型是什么？

3）浏览器支持的压缩方式在哪里可以查看？当前截获的数据包的浏览器所支持的压缩方式是什么？

4）浏览器支持的 MIME 类型是什么？

5）通过什么信息可以判断服务器是否成功返回客户端所需要的信息？

6）如图 5-19 所示，在这个响应报文中，服务器返回对象最后修改的时间是多少？服务器返回给浏览器的内容共多少字节？

7）浏览器和服务器之间采用持久连接还是非持久连接的方式工作？如何从截获的数据包中进行判断？

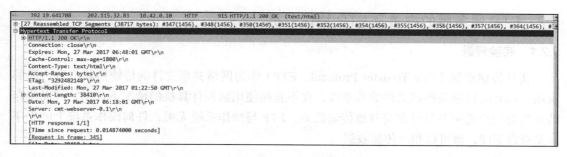

图 5-19　响应报文

（2）获取 HTTP 协议中 Conditional GET 报文并分析其工作原理

在跟踪 Web 数据包的工作过程之前，为了获取完整的实验数据，需要将当前主机浏览器的高速缓存清空，以确保 Web 网页是从网络中获取的，而不是从高速缓存中获取的。

1）打开 Wireshark，启动 Wireshark 分组俘获器；

2）在浏览器地址栏中输入"www.scu.edu.cn"，并按 Enter 键；

3）再次在浏览器地址栏中重新输入相同的 URL，并按 Enter 键或单击浏览器中的"刷新"按钮；

4）停止分组捕获；

5）在过滤器中输入"HTTP"，则只显示 HTTP 包。

对从 Wireshark 中截获的数据包进行分析，并回答下面的问题（需要在实验报告中附上 Wireshark 的截图作为回答依据）：

1）浏览器向服务器发出的第一个 HTTP GET 请求报文，该请求报文中是否有 If-Modified-Since 标题行？为什么？

2）浏览器第二次向服务器发出的 HTTP GET 请求报文，该请求报文中是否有 If-Modified-Since 标题行？为什么？

3）服务器对第二次相同的 HTTP GET 请求的响应报文中的 HTTP 状态码是多少？服务器是否明确返回了文件的内容？请解释原因。

5.1.7　实验总结

通过实验，让学生了解目前流行的 IIS 和 Apache 服务器的配置方法，并通过对 HTTP 数据包的捕获，了解 HTTP 的工作过程。在实验的过程中，要注意不同的场景下，捕获的 HTTP 报文的标题行存在差异，要能够根据标题行的内容，分析 HTTP 的工作原理。

5.1.8　思考与进阶

思考：如果客户端发送的 HTTP 请求报文的标题行字段为 Connection: KeepAlive，而服务器回复的是 Connection:close，则浏览器和服务器之间采用持久连接还是非持久连接进行工作，为什么？

进阶：通过 HTTP 下载一个大文件，试分析 HTTP 请求报文和响应报文的情况。

5.2 FTP 服务器的搭建及 FTP 协议分析

5.2.1 实验背景

文件传输协议（File Transfer Protocol，FTP）作为网络共享文件的传输协议有着广泛的应用。FTP 的目标是提高文件的共享性，在不直接使用远程计算机的情况下，FTP 可以使存储介质对用户透明并且可靠高效地传输数据。FTP 与操作系统无关，任何操作系统上的程序只要符合 FTP，就可以相互传输数据。

5.2.2 实验目标与应用场景

1. 实验目标

实验通过在 Windows Server 下搭建 FTP 服务器，让学生了解 FTP 服务器的搭建方法。在配置好的 FTP 服务中，要求学生使用 FTP 命令完成客户端和服务器的文件传送过程，并捕获会话过程的数据包。通过对 FTP 报文的分析，掌握协议的原理及工作过程。在实验过程中，需要掌握以下知识点：

1）在 Windows Server 下搭建 FTP 服务器的配置方法。
2）FTP 报文的结构及工作原理。
3）FTP 的控制连接和数据连接工作方式的差异。
4）FTP 在什么场合下会打开数据连接。

2. 应用场景

当用户使用不同的操作系统远程访问 FTP 服务器时，FTP 服务通过复制文件得到其副本并控制副本的修改和回传，从而实现不同系统间的文件共享。Windows 操作系统可以通过自带的 IIS 服务器搭建，也可以借助第三方软件（如 Server-U）搭建；对于 Linux 操作系统，常用 Proftpd 搭建 FTP 服务器。

5.2.3 实验准备

实验要求在 Windows 下利用 IIS 搭建 FTP 服务器，并对 FTP 会话过程中捕获的数据包进行分析。实验前需要了解下面相关知识：

1）在 Windows 下 FTP 服务器的搭建方法；
2）Wireshark 的使用方法；
3）FTP 的工作原理。

5.2.4 实验平台与工具

1. 实验平台

Window Server 2008 R2 SP1

2. 实验工具

Wireshark

5.2.5 实验原理

FTP 能提供交互式访问，允许客户指明文件类型和格式（如是否使用 ASCII 码），允许设置文件存取权限。

FTP 基于 TCP 服务，不支持 UDP[⊖]。此外，FTP 应用与其他基于 TCP 的网络应用有所不同。其他基于 TCP 的网络应用在会话过程中只建立一个 TCP 连接，用于同时发送服务器端与客户端的命令和数据，而 FTP 的会话过程则是将命令信息与数据信息分成不同的 TCP 连接进行传送。在 FTP 传输过程中，一般会使用两个端口：控制端口（21）和数据端口（20）。控制连接用来传送控制命令，数据连接用于传送数据信息。是否使用 20 作为传输数据的端口与 FTP 使用的工作方式有关：如果采用主动模式（PORT 方式，Standard 模式），那么使用数据传输端口 20；如果采用被动模式（PASV 方式，Passive 模式），则使用哪个端口需要由服务器端和客户端协商决定。每一个 FTP 命令发送之后，FTP 服务器都会返回一个字符串，其中包括一个状态码和状态短语。

5.2.6 实验步骤

实验分为两个主要任务，即 FTP 服务器的搭建和利用 Wireshark 截获 FTP 服务的数据包，通过对数据包的分析了解 FTP 的工作原理。实验步骤如下。

第一步：IIS 下 FTP 服务器的安装与 FTP 服务的配置。
- FTP 服务器的安装；
- FTP 用户账号的创建；
- FTP 基本配置；
- FTP 服务测试。

第二步：FTP 协议分析。

1. IIS 下 FTP 服务器的安装与 FTP 服务的配置

（1）FTP 服务器的安装

在 Windows Server 操作系统下，选择"开始"→"管理工具"选项，打开"服务器管理器"窗口，如图 5-20 所示。

图 5-20　"服务器管理器"窗口

⊖ 基于 UDP 的文件传输协议有 TFFP（Trivial File Transfer Protocol，简单文件传输协议）。

在"服务器管理器"窗口选择"角色"选项,单击"添加角色"按钮,出现图5-21所示的界面。

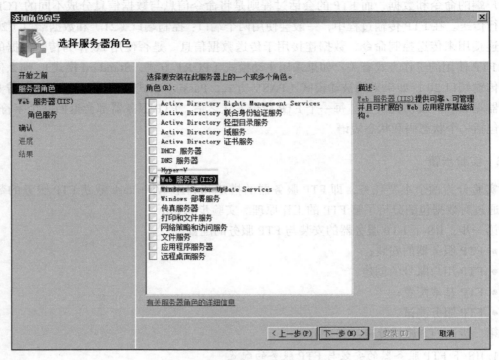

图5-21 "选择服务器角色"界面

在"选择服务器角色"界面中,勾选"Web 服务器(IIS)"复选框,单击"下一步"按钮,开始安装 IIS 组件,出现图5-22所示的界面。

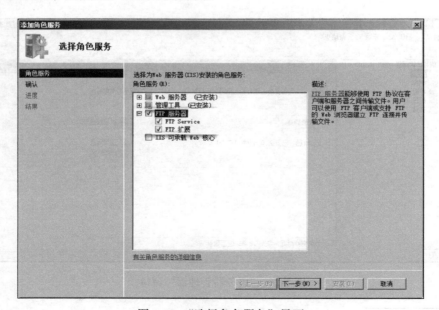

图5-22 "选择角色服务"界面

勾选"FTP 服务器"复选框，单击"下一步"按钮，直至安装完成。
（2）FTP 用户账号的创建

IIS 提供的 FTP 服务是和 Windows 系统账户紧密相关的。FTP 不具备建立独立账户的功能，搭建 FTP 服务器后使用 Windows 自身的系统账户就可以登录，FTP 账户与 Windows 操作系统账号是完全统一的。因此，在使用 FTP 服务之前，必须先在操作系统中建立相应账号。在 Windows Server 操作系统下，选择"开始"→"管理工具"选项，打开"服务器管理器"窗口，选择"配置"→"本地用户和组"→"用户"选项，右击，在弹出的快捷菜单中选择"添加新用户"命令，打开"新用户"对话框，如图 5-23 所示。在"新用户"对话框中填写用户名（本实验设置为 ftptest）和密码，并勾选"密码永不过期"复选框，单击"创建"按钮，完成新用户的创建。

图 5-23 "新用户"配置界面

（3）FTP 基本配置

在 Windows Server 操作系统下，选择"开始"→"管理工具"选项，打开"Internet 信息服务（IIS）管理器"窗口，选择"网站"选项并右击，在弹出的快捷菜单中选择"添加 FTP 站点"命令，打开"添加 FTP 站点"对话框，如图 5-24 所示。配置当前 FTP 站点的名称（FtpTest）及 FTP 站点的主目录，默认为系统目录下的 inetpub 目录下的 ftproot 文件夹。单击"物理路径"文本框右边的按钮，可以设置其他目录，如"F:\FtpTest"，配置完成以后单击"下一步"按钮，进入"绑定和 SSL 设置"界面，如图 5-25 所示。

图 5-24 "添加 FTP 站点"界面

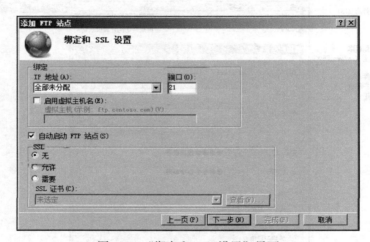

图 5-25 "绑定和 SSL 设置"界面

"在绑定和 SSL 设置"界面中，绑定 FTP 服务端口 21，也可以绑定其他端口（当绑定其他端口时，访问 FTP 服务需要指明端口号），该实验不需要使用 SSL 证书，单击"下一步"按钮，进入"身份验证和授权信息"界面，如图 5-26 所示。

FTP 服务配置的最后一步是进行身份验证和授权，如图 5-26 所示，其中"匿名"选项表示不需要对用户进行验证，适合给不需要安全验证的信息授予公用访问权限；"基本"选项要求提供用户名和密码，提供低级别的安全性，密码在网络上是以明文（未加密的文本）形式发送的，这些密码很容易被截取。勾选"基本"复选框以后，需要指定允许进行 FTP 服务访问的用户。在"允许访问"下拉列表中选择"指定用户"选项，指定在图 5-23 中配置的 Windows 新用户 ftptest 能进行访问，同时设置 ftptest 的访问权限。如果需要向服务器上传信息，则必须勾选"写入"复选框。单击"完成"按钮，完成 FTP 服务配置。

（4）FTP 服务测试

FTP 服务配置完成以后，可以通过两种不同的方式测试配置是否成功。第一种方式是在客户端浏览器地址栏中输入 ftp:// 服务器 IP 地址 [:ftp 端口号]（如果默认配置的是 21 端口，则可以省略端口号），弹出输入用户名和密码的对话框表示配置成功，正确输入用户名和密码后，即可对 FTP 服务器上的文件进行相应权限的操作。第二种方式是在命令行中输入命令"ftp 服务器 ip 地址"并按 Enter 键，按照要求分别输入账号、密码，如果登录成功，则 FTP 服务及账号配置正确。

图 5-26 "身份验证和授权信息"界面

提示：如果不能通过命令行方式登录 FTP 服务器，则需要检查是否在操作系统中配置了用户；通过 ping 测试客户端和服务器之间的连通是否正常。

2. FTP 协议分析：获取 FTP 协议的数据包并进行分析

1）在客户端主机打开 Wireshark，启动 Wireshark 分组俘获器。

2）在 Windows 下的命令行输入命令"ftp 121.48.227.28"并按 Enter 键。

3）分别输入用户名"ftptest"按 Enter 键，再输入密码"Admin123456"按 Enter 键，登录 FTP 服务器。

4）使用 LIST 命令查看当前远程主机的目录信息，再使用 MGET php+apache2.2.25.zip 命令将远程服务器的文件下载至本地主机。

5）等待下载完成后，停止分组捕获，如图 5-27 所示。

图 5-27 Wireshark 捕获的 FTP 会话过程中的数据包

6）在过滤器中输入"ip.addr= =121.48.227.28"（通过过滤器，只显示本机发送和接收的数据包）。

对从 Wireshark 中截获的数据包进行分析，并回答下面的问题（需要在实验报告中附上 Wireshark 的截图作为回答依据）：

1）客户端在发送 FTP 报文之前，从 Wireshark 首先截获了什么数据包？为什么会是这样的数据包？

2）客户端和服务器进行三次握手建立连接分别在什么端口？

3）当服务器和客户端要打开数据连接的时候，会发送什么数据包信息？通过信息如何计算数据连接的客户端端口号？

4）数据包信息如图 5-28 所示，试计算从开始传送文件到最后文件结束所需要花费的时间。

```
3572 22.936277    121.48.227.28      10.132.48.21     FTP      120 Response: 125 Data connection already open; Transfer s
3573 22.936285    121.48.227.28      10.132.48.21     FTP-D…  1448 FTP Data: 1394 bytes
 211… 26.495202    121.48.227.28      10.132.48.21     FTP-D…  1234 FTP Data: 1180 bytes
 211… 26.502241    121.48.227.28      10.132.48.21     TCP       60 20 → 59928 [FIN, ACK] Seq=18631329 Ack=1 Win=66816 Len=0
 211… 26.502247    121.48.227.28      10.132.48.21     FTP       90 Response: 226 Transfer complete.
```

图 5-28 数据包信息

5）整个 FTP 会话过程使用了哪些命令？服务器和客户端之间会打开数据连接吗？

5.2.7 实验总结

通过配置实验，让学生了解 FTP 服务器的配置方法；通过对 FTP 数据包的捕获，了解 FTP 的工作过程。在实验中，学生要特别注意 FTP 称为"带外传输"的原因，以及如何通过控制连接打开数据连接。

5.2.8 思考与进阶

思考：发送 LIST 控制命令以后，响应报文包含什么内容？通过什么（数据连接还是控制连接）来传送 LIST 命令的结果？

进阶：通过抓包，比较 FTP 的两种工作方式（主动模式和被动模式）。

5.3 DNS 服务器的搭建及 DNS 协议分析

5.3.1 实验背景

计算机网络中的主机之间通信时需要指明对方的 IP 地址，但是由于 IP 地址由一串较长的二进制数字组成，即使将其标记为十进制数字也难以记忆，因此有必要将数字构成的 IP 地址转换为易于记忆的字符串名字，在 Internet 中实现这一转换的就是域名系统（Domain Name System，DNS）。DNS 是网络中非常重要的地址信息，绝大多数网络应用服务都会用到 DNS。

5.3.2 实验目标与应用场景

1. 实验目标

在 Windows Server 环境下，搭建局域网内部的 DNS 服务器，让学生了解 DNS 服务器的搭建方法。通过对 DNS 报文的分析，掌握协议的原理及工作过程。在实验过程中，需要掌握以下知识点：

1）Windows Server 下 DNS 服务器的搭建。
2）DNS 协议的工作原理。
3）DNS 协议的资源报文类型及使用场合。

2. 应用场景

一般情况下，服务器可以通过 DNS 供应商提供的免费域名服务，如国内知名的 DNSPod。但是为了便于管理（例如，服务器 IP 更改后，域名需要及时生效；内部网络设置 AD 域控制器后，需要结合 DNS 使用等），并且杜绝因外部 DNS 被攻击而受到牵连，企业可以自建 DNS。有时候为了防止一台 DNS 服务器宕机导致整个域名解析失效，大型企业通常采取 DNS 主从结构，即主 DNS 服务器和备用 DNS 服务器。

某些局部 DNS 服务器还存在访问量巨大的问题，为了减轻 DNS 服务器的压力、减少网络数据流量，可以采取以下优化方式：

1）备份根服务器。本地 DNS 服务器无法解析时，总需要访问根服务器，导致其访问量巨大。设置多个互为备份的根服务器可以解决其瓶颈问题。
2）设置缓存。由域名解析的局部访问原则可知，在一段时间内，相同的域名解析请求很大概率被重复，相应的 DNS 服务器在缓存中保留查询结果可以提高效率。
3）在路由器上设置 DNS 中继（又称 DNS 代理），实现域名直接解析、拦截和中继。

5.3.3 实验准备

实验要求搭建 DNS 服务器并对 DNS 协议的工作原理进行分析。实验前需要了解下面相关知识：

1）在 Windows Server 下 DNS 服务器的搭建。
2）DNS 协议的工作原理。
3）Wireshark 的使用方法。

5.3.4 实验平台与工具

1. 实验平台
Window Server 2008 R2 SP1

2. 实验工具
Wireshark

5.3.5 实验原理

1. 基本概念

DNS 是一种用于 TCP/IP 应用程序的分布式数据库，它提供了主机域名和 IP 地址之间的转换及有关电子邮件的选路信息。服务器工作在 53 端口，既支持 UDP 的传输服务，也支持 TCP 的传输服务。单个 DNS 服务器不能拥有 Internet 中所有的选路信息，因此，这些信息分布存储在不同的 DNS 服务器上。正是因为这个特性，在一定程度上，衍生出了域名命名系统的层次性，需要分散在世界各处的 DNS 服务器共同协作完成全球网络设备的域名分配。

2. 资源记录

DNS 资源记录（Resource Records，RRs），是指每个域所包含的与之相关的资源信息。资源记录的格式如下：

（NAME，TYPE，CLASS，TTL，RDLENGTH，RDATA）

- NAME：表示资源记录包含的域名。
- TYPE：表示资源记录的类型。
- CLASS：表示 RDATA 的类。
- RDLENGTH：表示 RDATA 的长度。
- TTL：表示资源记录可以缓存的时间，0 表示不缓存。
- RDATA：表示资源记录的类型对应的资源信息。

常用资源记录如表 5-1 所示。

表 5-1 常用资源记录

类型	名称	说明
A	IPv4 主机地址资源记录	将 DNS 域名映射到 Internet 协议版本 4 的 32 位地址
AAAA	IPv6 主机地址资源记录	将 DNS 域名映射到 Internet 协议版本 6 的 128 位地址
NS	名称资源记录	用于说明这个区域有哪些 DNS 服务器负责解析，返回这个区域负责解析的服务器主机名
MX	邮件交换器资源记录	用于获取这个区域中担任邮件服务器的主机
CNAME	规范名资源记录	将别名或备用的 DNS 域名映射到标准或主要 DNS 域名。此数据中所使用的标准或主要 DNS 域名是必需的，并且必须解析为名称空间中有效的 DNS 域名
PTR	指针资源记录	PTR 记录是 A 记录的逆向记录，作用是把 IP 地址解析为域名

3. 实验拓扑结构

实验通过在局域网内部搭建 DNS，为局域网主机配置域名及别名来了解 DNS 的工作过程。实验拓扑结构如图 5-29 所示，实验所用设备的 IP 配置情况如表 5-2 所示。

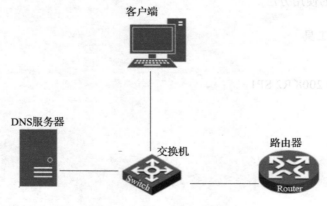

图 5-29 实验拓扑结构图

表 5-2　实验所用设备的 IP 配置情况

设　　备	IP 地址	子网掩码	默认网关	DNS 服务器地址
DNS 服务器（被解析的主机）	192.168.1.199	255.255.255.0	192.168.1.1	192.168.1.199
客户端主机	192.168.1.155	255.255.255.0	192.168.1.1	192.168.1.199

提示：DNS 服务器必须使用固定 IP 地址，不能动态获取 IP 地址。

5.3.6　实验步骤

本实验主要分为两个主要任务，即 DNS 服务器的搭建和利用 Wireshark 截获 DNS 服务的数据包，通过对数据包的分析了解 DNS 协议的工作过程。实验步骤如下。

第一步：Windows Server 下 DNS 服务器的安装与配置。

- DNS 服务器的安装。
- DNS 服务器的配置。
- DNS 客户端的配置。
- DNS 域名解析测试。

第二步：DNS 协议分析。

1. Windows Server 下 DNS 服务器的安装与配置

（1）DNS 服务器的安装

在 Windows Server 操作系统下，选择"开始"→"管理工具"选项，打开"服务器管理器"窗口，选择"角色"选项，单击"添加角色"按钮，出现图 5-30 所示的界面。后续的操作按照默认设置，单击"下一步"按钮，最后完成 DNS 的安装。

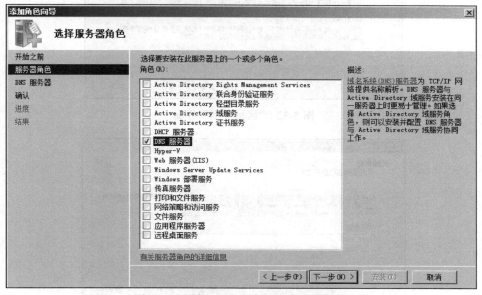

图 5-30　添加 DNS 服务器角色向导界面

（2）DNS 服务器的配置

在 Windows Server 操作系统下，选择"开始"→"管理工具"选项，再选择"DNS"选项，进入 DNS 管理器。双击主机图标，选择展开菜单中的"正向查找区域"选项，右击，在弹出的快捷菜单中选择"新建区域"命令,如图 5-31 所示。

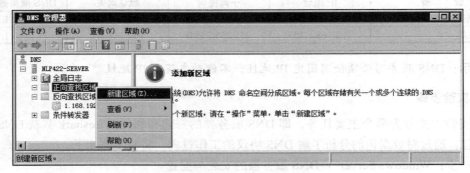

图 5-31　DNS 管理器

在打开的"新建区域向导"对话框中单击"下一步"按钮,进入图 5-32 所示的"区域类型"界面。在"区域类型"界面中选中"主要区域"单选按钮,并单击"下一步"按钮,进入"区域名称"界面,如图 5-33 所示。

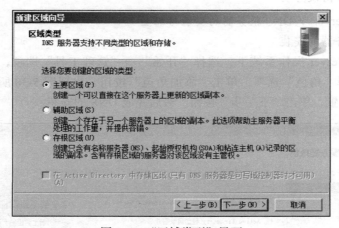

图 5-32　"区域类型"界面

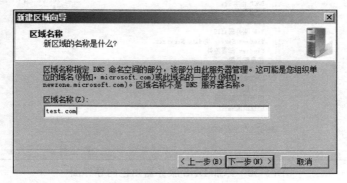

图 5-33　"区域名称"界面

填写新建区域的域名,如"test.com"。由于在局域网中做 DNS 实验,所以这里的域名可以随便设置。单击"下一步"按钮进入"区域文件"界面,如图 5-34 所示。

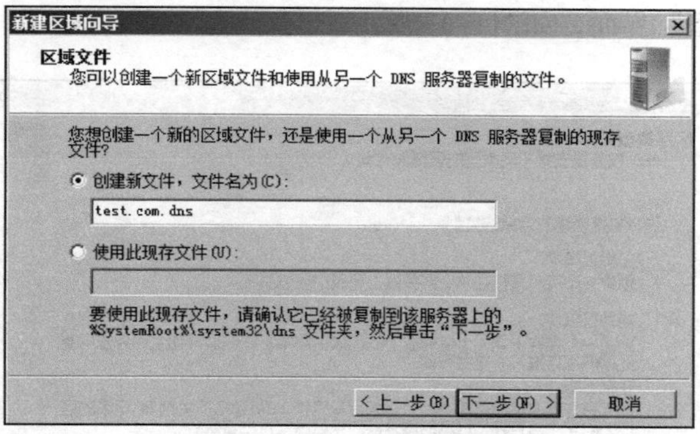

第5章 应用层实验　　61

图 5-34 "区域文件"界面

选中"创建新文件，文件名为"单选按钮，这里采用默认选项及文件名，单击"下一步"按钮。

在"动态更新"界面中选中"不允许动态更新"单选按钮，如图 5-35 所示，单击"下一步"按钮，进入图 5-36 所示的界面。最后，单击"完成"按钮，DNS 服务器正向查找区域的配置完成。

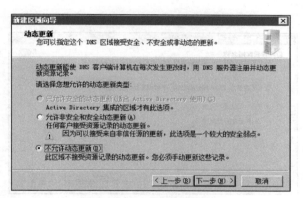

图 5-35 动态更新配置界面

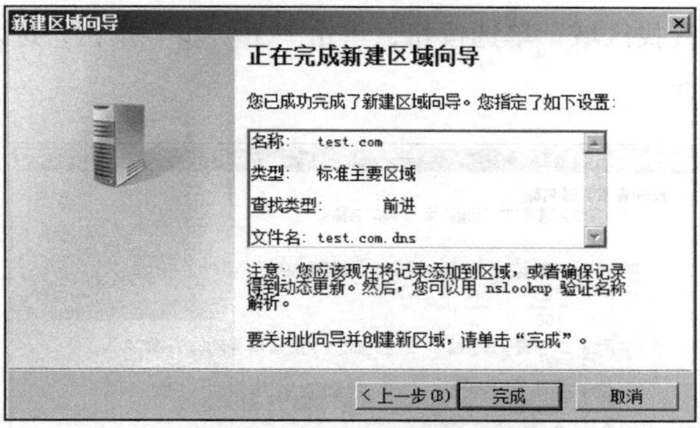

图 5-36 新建区域完成界面

反向查找区域用于将 IP 地址解析成对应的域名。接下来，对反向查找区域进行配置。在 DNS 管理器中单击主机图标，展开下拉菜单，选择"反向查找区域"选项，右击，在弹出的快捷菜单中选择"新建区域"命令，在打开的"新建区域向导"对话框中单击"下一步"

按钮,进入"区域类型"界面,如图 5-37 所示。

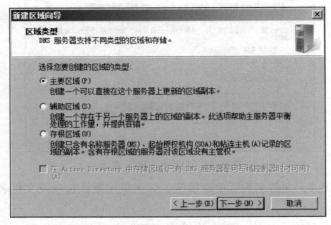

图 5-37 "区域类型"界面

选中"主要区域"单选按钮,单击"下一步"按钮,进入"反向查找区域名称"界面,如图 5-38 所示。

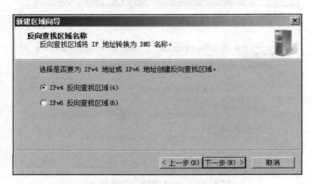

图 5-38 添加反向查找区域界面

选中"IPv4 反向查找区域"单选按钮,单击"下一步"按钮,进入图 5-39 所示反向查找区域网络 ID 配置界面。

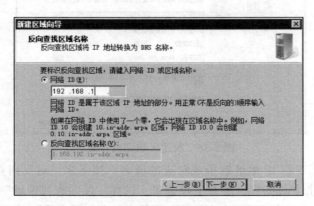

图 5-39 添加反向查找区域网络 ID 配置界面

选中"网络 ID"单选按钮,并输入网络 ID"192.168.1.0",这里要配置的 ID 是要查找的网络范围,所以输入的是查找网络的网络号,然后单击"下一步"按钮,进入"区域文件"界面,如图 5-40 所示。

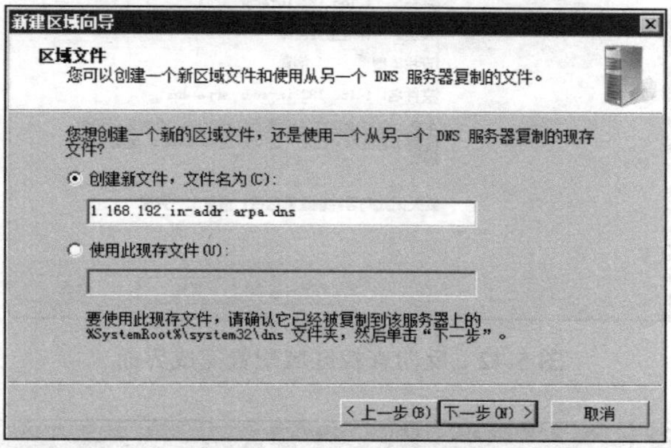

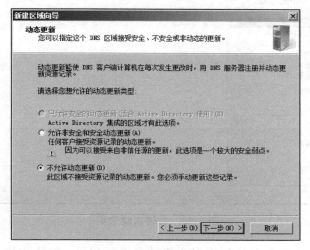

图 5-40 "区域文件"界面

在"区域文件"界面中选中"创建新文件,文件名为"单选按钮,这里使用系统默认的文件名,单击"下一步"按钮,进入"动态更新"界面,如图 5-41 所示。

图 5-41 "动态更新"界面

在"动态更新"界面中选中"不允许动态更新"单选按钮,单击"下一步"按钮,进入"正在完成新建区域向导"界面,如图 5-42 所示,单击"完成"按钮,完成反向查找区域的配置。

正向查找区域和反向查找区域配置完成以后,需要配置主机的域名。本实验的目的是配置主机名及主机的别名。邮件服务器主机名的配置方法和别名的配置方法类似,具体将在第 11 章的综合实验中介绍。

选择 DNS 管理器中正向查找区域的 test.com 区域,右击,在弹出的快捷菜单中选择"新建主机"命令,如图 5-43 所示。

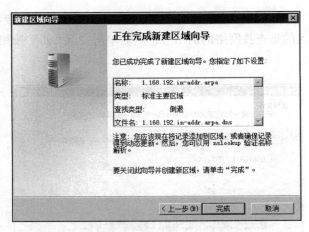

图 5-42 反向查找区域配置完成界面

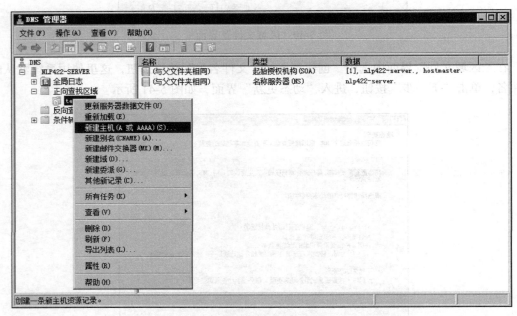

图 5-43 右键快捷菜单

在打开的"新建主机"对话框中对主机域名进行配置。输入主机名"www"及对应的 IP 地址(这个主机可以是局域网中任何一台机器),输入完成以后,单击"添加主机"按钮,完成主机域名的配置,如图 5-44 所示。当配置了反向查找区域以后,"创建相关的指针(PTR)记录"复选框将自动勾选,系统会自动在反向查找区域创建指针记录,若未配置反向查找区域,则该选项将不能勾选。

提示:如果不配置反向查找区域也能正确解析主机域名,但是不能通过 IP 反向解析域名。

新建了主机的 A 类型的资源记录以后,可以为该主机新建别名。选择"test.com"子域选项,右击,在弹出的快捷菜单中选择"新建别名"命令(见图 5-45),弹出"新建资源记录"对话框,如图 5-46 所示。

第 5 章 应用层实验　　65

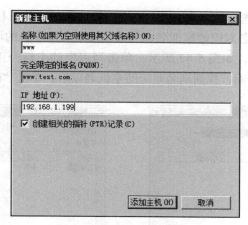

图 5-44 "新建主机"对话框

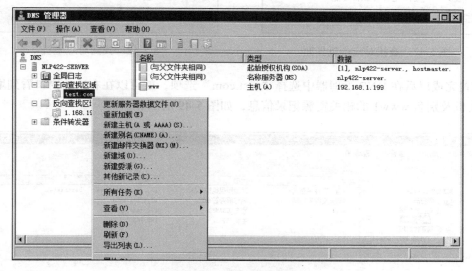

图 5-45 右键快捷菜单

图 5-46 "新建资源记录"对话框

在"别名"文本框中输入"www1",然后配置别名对应的目标主机的域名主机。这里可以通过两种方法找到别名对应的标准名:①直接输入对应主机的域名;②单击"浏览"按钮,打开"浏览"对话框,如图 5-47 所示,单击列表中的主机→正向区域→子区域,一直到出现如图 5-48 所示的界面,找到别名对应的主机名以后,单击"确定"按钮。

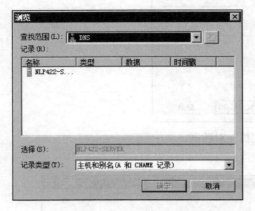
图 5-47 查找对应主机界面

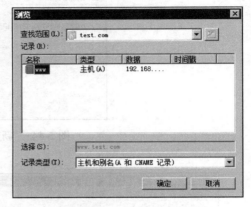
图 5-48 找到对应主机

配置完成以后在 DNS 管理器中选择"test.com"选项,就可以在右边的窗口看到增加的 www 主机及别名 www1 的相关资源记录信息,如图 5-49 所示。

图 5-49 配置完成的正向查找区域信息

在 DNS 管理器中选择"反向查找区域"→"1.168.192.in-addr"选项,就可以在右边的窗口看到指针的资源记录信息,如图 5-50 所示。

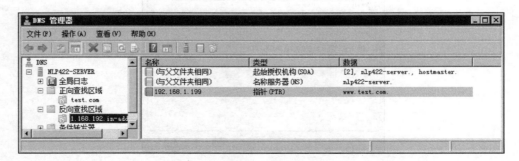
图 5-50 配置完成的反向查找区域信息

（3）DNS 客户端配置

DNS 服务器配置完成以后，DNS 的客户端必须在本机的 TCP/IP 属性配置中对 DNS 服务器的地址进行重新配置，配置为局域网的 DNS 服务器的 IP 地址，才能完成后续实验，如图 5-51 所示。

（4）DNS 解析测试

在客户端主机的命令行中输入"ipconfig/flushdns"命令，清空主机的 DNS 缓存，然后输入"ping www.test.com"及"ping www1.test.com"。如果通过主机域名和别名都可以 ping 通，则说明域名解析成功。

提示：如果 ping 不通，则可能存在以下几种情况：客户端和 www.test.com 主机自身通过 IP 地址都无法 ping 通；客户端主机的首选 DNS 服务器未配置为 192.168.1.199 的本地 DNS 服务器 IP 地址。

反向指针的测试通过"nslookpup"命令进行，如果能够得到 IP 对应的域名，则反向解析成功，解析结果如图 5-52 所示。

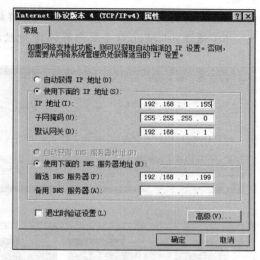

图 5-51　DNS 客户端 TCP/IP 属性配置界面

图 5-52　反向指针解析结果

2. DNS 协议分析：获取 DNS 域名解析报文并进行分析

1）在命令行中输入"ipconfig/flushdns"命令，清空客户端主机的 DNS 缓存。

2）打开 Wireshark，启动 Wireshark 分组俘获器。

3）在命令行中输入"ping www.test.com,"并按 Enter 键。

4）在命令行中输入"ping www1.test.com,"并按 Enter 键。

5）在命令行中输入"nslookup 192.168.1.99,"并按 Enter 键。

6）停止分组捕获，如图 5-53 所示。

7）在过滤器中输入"dns"，只显示 DNS 数据包。

 对从 Wireshark 中截获的数据包进行分析，并回答下面的问题（需要在实验报告中附上 Wireshark 的截图作为回答依据）：

1）在捕获 ping 命令的 ICMP 报文之前，从客户端主机发送了什么类型的应用层报文？

2）DNS 报文封装在 UDP 报文中，还是封装在 TCP 的报文中？

3）在解析 www.test.com 域名时，服务器用什么类型的资源记录作为应答报文返回给客户端？

4）在进行别名 www1.test.com 域名解析时，服务器返回什么类型的资源记录？

5）通过 nslookup 命令反向解析 IP 地址对应的域名时，服务器返回什么类型的资源记录？

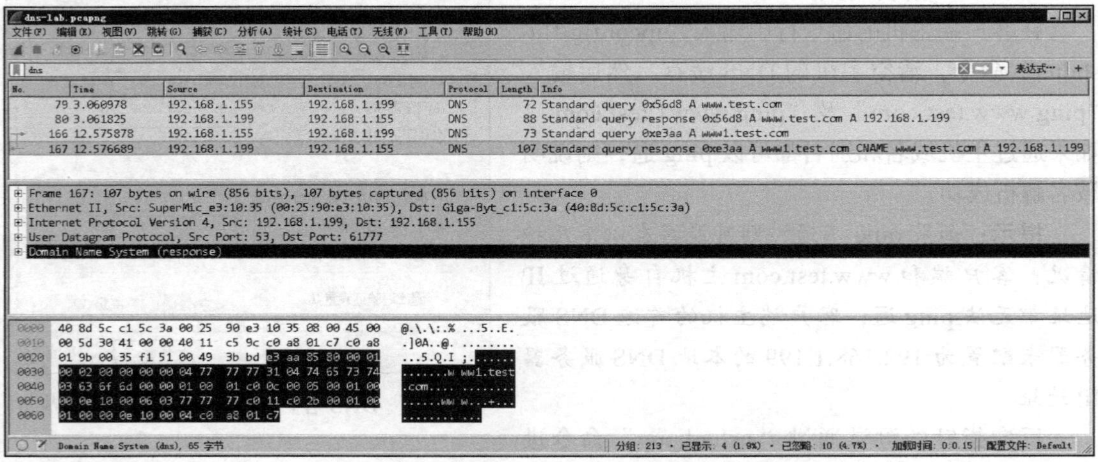

图 5-53　Wireshark 捕获 DNS 数据包界面

5.3.7　实验总结

实验只考虑了在局域网中完成域名的解析，便于学生了解 DNS 的基本工作过程，但是在广域网中 DNS 解析的过程是一个非常复杂的过程，需要多个服务器及多个 DNS 的报文交换才能完成域名的解析。在实验过程中，需要注意 DNS 设置了缓存机制，因此要想有效获取 DNS 查询和应答报文，需要清空本机的 DNS 缓存。

5.3.8　思考与进阶

思考：在广域网的环境下，分析 www.baidu.com 域名的解析过程。

进阶：分析 DNS 的 RFC 1053 文档，说明 DNS 在什么时候使用 TCP 的 53 端口进行 DNS 报文的交换。

5.4　邮件服务的协议分析

5.4.1　实验背景

作为一种无须双方同时在线的通信方式，电子邮件在网络中被广泛使用。发送和收取邮件是邮件服务的两种基本功能，它们需要不同的协议来支撑。简单邮件传输协议（Simple Mail Transfer Protocol，SMTP）用于用户代理向邮件服务器发送邮件及在邮件服务器之间发送邮件；POP3 协议用于用户代理从邮件服务器读取邮件。为了解决在邮件传输过程中能够传输非 ASCII 的信息，多用途互联网邮件扩展（Multipurpose Internet Mail Exten Sion，MIME）协议被提出。

5.4.2 实验目标与应用场景

1. 实验目标

在客户端的主机上配置邮件用户代理软件，通过对发送和接收邮件过程中数据包的捕获，让学生了解 SMTP 和 POP3 的工作原理，以及 MIME 协议如何协同 SMTP 协议完成非 ASCII 数据的传送。在实验过程中，需要掌握以下知识点：

1）SMTP 的工作原理。
2）MIME 的基本格式。
3）RFC 822 邮件格式定义。
4）POP3 的工作原理。

2. 应用场景

在邮件服务协议中，作为邮件发送协议的 SMTP 沿用至今几乎没有变化。但是，对于邮件获取协议，除了 POP3 以外，IMAP（Internet Mail Access Protocol，Internet 邮件访问协议）被越来越广泛地使用。POP3 下获取的邮件将保存在客户端，若无特殊设置，服务器将在一段时间后删除邮件，则另一客户端将不能收取该邮件。另外，POP3 下的客户端对邮件的标记、移动等操作不会保存到服务器。与 POP3 相比，IMAP4（IMAP 的常用版本）基本类似，但提供了服务器和客户端之间的同步更新。也就是说，IMAP 能保证客户端和服务器端的邮件一致，更好地支持了多点访问。

目前，众多的邮件服务提供商已经全面支持 IMAP，如网易 163 邮箱、腾讯 QQ 邮箱等。用户只需要使用支持 IMAP 的客户端（如 Foxmail、Outlook Express 等），并在邮箱设置中开启 IMAP 服务，即可在个人计算机、手机和平板等设备上获得相应服务。

5.4.3 实验准备

实验要求通过使用邮件代理软件发送和接收邮件来了解 SMTP 和 POP3 的工作原理。实验前需要了解下面相关知识：

1）SMTP 的工作过程
2）MIME 的格式
3）RFC 822 邮件格式定义
4）POP3 的工作过程
5）Wireshark 的使用方法

5.4.4 实验平台与工具

1. 实验平台

Window Server 2008 R2 SP1（任何操作系统均可完成该实验）

2. 实验工具

Wireshark、Foxmail

5.4.5 实验原理

1. SMTP

SMTP 是发送邮件的标准协议，默认使用端口 TCP 的 25 端口。SMTP 要求发送的数据必须是 7bit 的 ASCII 信息，当 SMTP 要发送多个文件时，文件作为 SMTP 的一个报文的多个不同部分进行发送。SMTP 常用命令如表 5-3 所示。

表 5-3　SMTP 常用命令

命令	参数	描述
HELO	\<domainn\>	发送方的主机名
AUTH LOGIN	None	登录 SMTP 服务器，然后输入用户名和密码
MAIL FROM	\<mail address\>	初始化邮件会话，指定邮件发送方
RCPT TO	\<mail address\>	指定邮件接收方
DATA	None	发送邮件内容

2. RFC 822

RFC 822 是定义电子邮件的标准格式。电子邮件的内容包括首部和邮件主体部分，RFC 822 对邮件的首部进行了规定。常用的电子邮件首部如下。

- From：发件人的电子邮件。
- To：接收者的邮件地址列表。
- Subject：邮件主体。
- Date：发信日期。

3. MIME

MIME 为了能够保留 RFC 822，并且同时发送非 ASCII 码的邮件信息，增加了邮件的主体结构。MIME 增加了五个新的邮件首部。

- MIME-Version：MIME 的版本，目前是 1.0 版本。
- Content-Description：说明邮件主体是否是图像、音频或视频。
- Content-Id：邮件的唯一标识符。
- Content-Transfer-Encoding：邮件主体的编码方式。
- Content-Type：邮件主体的数据类型和子类型（见表 5-4），格式为"类型 / 子类型；parameters"。

表 5-4　MIME 常用类型和子类型

类型	子类型	说　明
Text	Plain	无格式文本
	HTML	HTML 格式文本
Image	GIF	GIF 格式图像
	JPEG	JPEG 格式图像
Audio	Basic	可听见的声音文件
Application	Msword	Word 文件
Multipart	Mixed	几个独立部分
	Alternative	不同格式的同一邮件
	form-data	用于 HTML 表单从浏览器发送信息给服务器

4. POP3

POP3（Post Office Protocol -Version 3，邮局协议第三版本）是接收邮件的标准协议之一，默认工作在 TCP 的 110 端口，目的是允许客户主机从邮件服务器中收取邮件。POP 协议常用命令如表 5-5 所示。

表 5-5 POP 协议常用命令

命令	参数	描述
USER	<name>	用户名
PASS	<password>	密码，明文输入
STAT	None	服务器上的邮件状态，包括邮件数量和总字节数
LIST	Mgsid	列出邮件数量及大小
RETR	Mgsid	下载对应 ID 的邮件
QUIT	None	退出邮件服务器

5.4.6 实验步骤

实验分为两个主要任务，即 SMTP 数据包的分析及 POP3 数据包的分析。实验步骤如下。

第一步：邮件用户代理的安装配置。

第二步：SMTP 和 POP3 数据包的捕获。

第三步：SMTP 协议分析。

第四步：POP3 协议分析。

1. 邮件用户代理的安装配置

下载安装 Foxmail 以后，运行软件，出现图 5-54 所示的配置界面，配置自己的邮箱地址、密码及 POP 服务器和 SMTP 服务器的主机名。

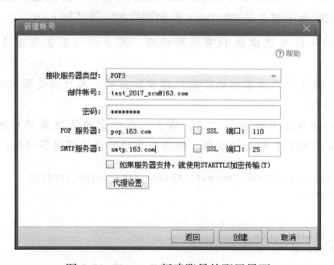

图 5-54 Foxmail 新建账号的配置界面

配置完成以后，则可以进入 Foxmail 发送、接收邮件。

2. SMTP 和 POP3 数据包的捕获

1）在 Foxmail 中单击"写邮件"按钮，输入纯文本信息"Hello World！"，并插入一张图片，如图 5-55 所示。

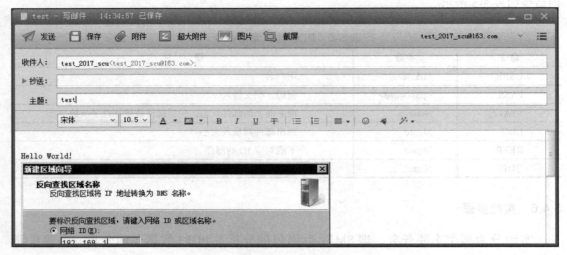

图 5-55 发送文本和图片的邮件

2）打开 Wireshark，启动 Wireshark 分组俘获器。

3）单击"发送"按钮，邮件发送完成以后，再单击"收取"按钮，收取邮件，最后停止分组捕获。

4）在过滤器中输入"smtp"，只显示 SMTP 数据包，输入"PoP"，只显示 PoP 数据包。

3. SMTP 协议分析

想一想 对从 Wireshark 中截获的数据包进行分析，并回答下面的问题（需要在实验报告中附上 Wireshark 的截图作为回答依据）：

1）客户端和邮件服务器建立 TCP 连接以后，客户端给服务器发出的第一个命令是什么？

2）在捕获的数据包中找出客户端登录的账号和密码。客户端是否对用户账号和密码进行加密后传输给服务器？

3）选择其中一条 SMTP 数据包记录，右击，在弹出的快捷菜单中选择"追踪流"→"TCP 流"命令，出现 SMTP 的会话过程。根据下面的会话过程回答问题：

```
220 163.com Anti-spam GT for Coremail System (163com[20141201])
EHLO nlp422-server
250-mail
250-PIPELINING
250-AUTH LOGIN PLAIN
250-AUTH=LOGIN PLAIN
250-coremail
1Uxr2xKj7kGOxkI17xGrU7IOs8FY2U3Uj8Cz28x1UUUUU7Ic2I0Y2UrjMmGyUCaOxDrUUUUj
250-STARTTLS
250 8BITMIME
```

```
AUTH LOGIN
334 dXNlcm5hbWU6
dGVzdF8yMDE3X3NjdUAxNjMuY29t
334 UGFzc3dvcmQ6
dGVzdDIwMTc=
235 Authentication successful
MAIL FROM: <test_2017_scu@163.com>
250 Mail OK
RCPT TO: <test_2017_scu@163.com>
250 Mail OK
DATA
354 End data with <CR><LF>.<CR><LF>
Date: Wed, 7 Feb 2018 13:29:02 +0800
From: "test_2017_scu@163.com" <test_2017_scu@163.com>
To: test_2017_scu <test_2017_scu@163.com>
X-Priority: 3
X-Has-Attach: no
X-Mailer: Foxmail 7.2.9.115[cn]
Mime-Version: 1.0
Message-ID: <201802071329015595243@163.com>
Content-Type: multipart/related;
        boundary="----=_001_NextPart403044860238_=----"

This is a multi-part message in MIME format.

------=_001_NextPart403044860238_=----
Content-Type: multipart/alternative;
        boundary="----=_002_NextPart867766734826_=----"


------=_002_NextPart867766734826_=----
Content-Type: text/plain;
        charset="us-ascii"
Content-Transfer-Encoding: base64

aGVsbG8sd29ybGQhDQoNCgOKDQpOZXNOXzIwMTdfc2N1QDE2My5jb20NCg==

------=_002_NextPart867766734826_=----
Content-Type: text/html;
        charset="us-ascii"
Content-Transfer-Encoding: quoted-printable

<html><head><meta HTTP-equiv=3D"content-type" content=3D"text/html; charse=
t=3Dus-ascii"><style>body { line-height: 1.5; }body { font-size: 10.5pt; f=
ont-family: ??; color: rgb(0, 0, 0); line-height: 1.5; }</style></head><bo=
dy>=0A<div>hello,world!<span></span></div><img src=3D"cid:_Foxmail.1@42bc1=
31a-f3e2-e925-454f-1fcb68625064" border=3D"0"><br><hr style=3D"width: 210p=
x; height: 1px;" color=3D"#b5c4df" size=3D"1" align=3D"left">=0A<div><span=
><div style=3D"MARGIN: 10px; FONT-FAMILY: verdana; FONT-SIZE: 10pt"><div>t=
est_2017_scu@163.com</div></div></span></div>=0A</body></html>
------=_002_NextPart867766734826_=------

------=_001_NextPart403044860238_=----
Content-Type: image/png;
        name="InsertPic_.png"
Content-Transfer-Encoding: base64
```

```
Content-ID: <_Foxmail.1@42bc131a-f3e2-e925-454f-1fcb68625064>

iVBORw0KGgoAAAANSUhEUgAAAfEAAAGACAIAAAAyLsxOAAAAAXNSR0IArs4c6QAAAARnQU1BAACx
jwv8YQUAAAAJcEhZcwAADsMAAA7DAcdvqGQAACEHSURBVHhe7Z2xix1Xtq/17zic0DCR4QXP4MS……
………………………………………………
```

① SMTP 会话过程使用了哪些 SMTP 命令？

②邮件同时传送了图片和文本信息，它们在 SMTP 数据中是如何区别的？

③文本所使用的编码方式是什么？

④图片所使用的编码方式是什么？

⑤邮件的正文和图片是通过什么标记和标题行分割开的？

4. POP3 协议分析

对从 Wireshark 中截获的数据包进行分析，并回答下面的问题（需要在实验报告中附上 Wireshark 的截图作为回答依据）：

1）POP3 会话过程中的状态码是什么？

2）POP3 会话过程中的用户名和账号是明文传输还是加密传输？

3）如图 5-56 所示，LIST 命令和 UIDL 命令的作用是什么？

```
LIST         UIDL
+OK 17 93567+OK 17 93567
1 6562       1 xtbBDQeEkVaDrMYXqgAAsd
2 3921       2 1tbivx+FkVWBWGBMvQAAsp
3 8282       3 1tbioweLkVUL+iCDhAAAs9
4 3499       4 1tbiJQWqkVUMEbf1SQABsZ
5 3498       5 1tbiNQiqkVSISbvEoQAAsN
6 3921       6 1tbivxSqkVWBWnitpAAAsv
7 2630       7 1tbiGQuqkVXlXfzqhQAAsX
8 4412       8 xtbBDQyrkVaDrv1poAAAs0
9 3927       9 1tbiGRW7kVXlXu8KKgAAsH
10 3480      10 1tbiRwS8kVc68Pv4QAAAsw
11 20971     11 1tbiJRMEGFUMExSsnAAAbE
12 2741      12 xtbBDR3EkVaDsFfTHgAAs6
13 2757      13 1tbiowrEkVUL-VvDYAAAsn
14 4031      14 xtbBygmPkVO+p2xp9gAAsk
15 3260      15 1tbivw4LHFWBaHR9-QAAbu
16 1771      16 xtbBDQTlkVaDwYIRfwAAsF
17 13904     17 1tbiGRzlkVXlcJsJoAAAsD
```

图 5-56　LIST 命令和 UIDL 命令

5.4.7 实验总结

该实验相对比较简单，重点在于了解 SMTP 在发送邮件之前的会话过程是如何工作的。实验的难点在于邮件内容的分析，由于 MIME 的加入，邮件的标题行发生了很多变化，特别是在传送不同类型的邮件信息时，MIME 的标题行也会相应发生变化。在实验过程中，自己也可以尝试发送音频、视频或者其他附件信息，以便了解邮件的主体是如何构建的。

5.4.8 思考与进阶

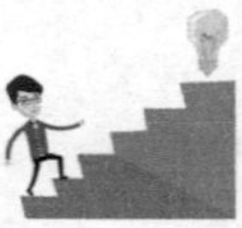

思考：用 Web 浏览器来发送邮件，再用 Wireshark 来捕获发送邮件的数据包，对捕获数据包进行分析。

进阶：将接收邮件的服务协议改成使用 IMAP 服务器端口来接收邮件，分析 IMAP 的工作过程。

5.5 基于 TCP 的 Socket 编程

5.5.1 实验背景

Socket，通常也称作“套接字”，是 TCP/IP 网络的应用程序编程接口（Application Programming Interface，API），用于描述 IP 地址和端口，是一个通信链的句柄，可以用来实现不同虚拟机或不同计算机之间的通信。常用的 Socket 有两种类型：流式 Socket（SOCK_STREAM）和数据报式 Socket（SOCK_DGRAM）。流式 Socket 是为面向连接的应用服务提供的一种接口。在本实验中，通过 Java 语言编写的基于 TCP 的客户端/服务器程序，了解面向连接的网络应用程序的工作原理及其 Socket 程序设计的方法。

5.5.2 实验目标与应用场景

1. 实验目标

通过基于 TCP 的 Socket 程序的编写、调试，掌握以下知识点：

1）Socket 的编程方法。

2）基于 TCP 的网络应用的传输特点。

2. 拓展应用场景

基于 TCP 的 Socket 编程可应用于 Web 服务器、邮件的客户端等各种面向连接的网络应用程序的开发。

5.5.3 实验准备

实验要求利用 Java 语言编写基于 TCP 的网络应用程序。实验前需要了解下面相关知识：

1）TCP 基于字节流传输的基本原理。

2）Socket 的相关知识。

3）Java 编程基础，熟悉 Java 下的 Socket 类与 ServerSocket 类的方法。

5.5.4 实验平台与工具

1. 实验平台

Windows 7 系统（任何平台均可以完成该实验）

2. 实验工具

JDK 1.8[⊖]、文本编辑器

5.5.5 实验原理

1. 基于 TCP 的 Socket 简介

TCP 提供一种面向连接、全双工的通信服务，在客户端/服务器程序工作模式下由客户端主动发起请求，服务器被动处理请求。一个 TCP 的连接由四元组构成，即源 IP 地址（local IP）、目的 IP 地址（destination IP）、源端口号（local port）和目的端口号（destination port）。

当客户端和服务器成功建立 TCP 连接后，通信双方利用该 Socket 的输入流和输出流进行数据传输。因此，TCP 的连接是全双工（full duplex）的，服务器客户端可以同时发送和接收数据。

客户端的工作流程如下：

1）创建 Socket。

⊖ JDK 1.8 下载地址：HTTP://www.oracle.com/technetwork/java/javase/downloads/jdk8-downloads-2133151.html。

2）向服务器发出连接请求。
3）与服务器端进行通信。
4）通信完成以后，关闭 Socket。
服务器端的工作流程如下：
1）创建 Socket。
2）将 Socket 绑定到一个本地地址和端口上。
3）将 Socket 设为监听模式，准备接收客户端请求。
4）等待客户请求到来；当请求到来后，接受连接请求，返回一个新的对应于此次连接的 Socket。
5）用返回的 Socket 与客户端进行通信。
6）通信完成以后，关闭 Socket。

2. 基于 TCP 的字符串长度查询的网络应用程序开发

基于 TCP 的 Socket 编程，需要完成客户端和服务器两部分的程序设计。在代码开发之前，需要对网络应用的协议进行详细设计，实验的应用层协议设计如下：

1）协议的格式：ACSII 码字符，回车符作为消息的结束。
2）协议的工作原理。
①客户端：从标准键盘读入一行字符，通过 Socket 发送到服务器；收到服务器反馈的信息，将信息显示在标准输出屏幕上；关闭连接。
②服务器端：从 Socket 中读出客户端发送的字符串信息；计算字符串的长度；将计算的结果通过 Socket 发送给客户端。

首先，创建服务器端的 ServerSocket()，并监听连接请求，客户端创建 clientSocket()，服务器调用 connectionSocket = listenSocket.accept() 来接收客户端的连接请求。当 TCP 连接创建成功以后，客户端使用 clientSocket 向服务器端发送请求，服务器端则从 connectionSocket 进行读请求操作，并遵循协议的规定通过 connectionSocke 向客户端发送查询结果信息，客户端从 clientSocket 读取服务器发送的查询结果信息。查询完成以后，客户端 clientSocket 和服务器端 connectionSocket 都会被关闭。基于 TCP 字符串长度查询的网络应用的工作流程如图 5-57 所示。

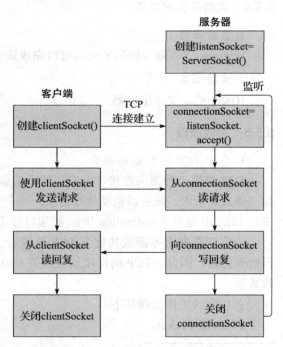

图 5-57 TCP 客户端 - 服务器工作流程图

5.5.6 实验步骤

本实验主要分三个步骤完成基于 TCP 的 Socket 应用程序的开发。实验步骤如下：

第一步：TCP 客户端代码设计及调试。
- 客户端缓冲区的定义及 Socket 的创建；
- 客户端定义发送数据操作；
- 客户端定义接收数据操作。

第二步：TCP 服务器端代码设计及调试。
- 创建服务器端监听端口；
- 服务器端缓冲区定义；
- 服务器端接收数据定义及处理动作；
- 服务器端发送数据定义。

第三步：客户端、服务器联合测试。

1. TCP 客户端代码设计

客户端设计思想：客户端从键盘输入的信息放入 InFromUser 缓冲区中暂存，然后将缓冲区的信息写入 outToServer 的管道中，再通过 outToServer 送给客户端 Socket 的输出流。从服务器返回的查询结果通过 clientSocket 的 Inputstream 被接收到缓冲区 InFromServer 中缓存，然后通过显示器显示出来。客户端数据流向如图 5-58 所示。

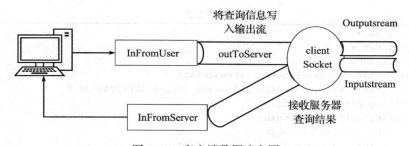

图 5-58　客户端数据流向图

代码 5-1

```
import java.io.*;
import java.net.*;
public class TCPClient {
    public static void main(String argv[]) throws Exception
    {
        //（1）客户端缓冲区的定义及 Socket 的创建
        //定义缓冲区
        String content;                                  //用户输入和送到服务器的字符串
        String modifiedContent;                          //从服务器得到并送到用户标准输出的字符串
        BufferedReader inFromUser = new BufferedReader(
            new InputStreamReader(System.in)); //输入流用 System.in 初始化
        //客户端创建 Socket，需要指明连接的服务器的 IP 地址和端口号，如果在本机测试可以使用
        localhost 或者 127.0.0.1 作为服务器的地址
        Socket clientSocket = new Socket("localhost",7777);
        //创建 Socket 对象（目的 IP，目的端口），同时发起客户机和服务器之间的 TCP 连接
        DataOutputStream outToServer = new DataOutputStream(
            clientSocket.getOutputStream());   // Socket 的输出流
        BufferedReader inFromServer = new BufferedReader(
            new InputStreamReader(clientSocket.getInputStream()));// Socket 的输入流
```

```
//(2)客户端定义发送数据操作
content = inFromUser.readLine();
outToServer.writeBytes(content + '\n');      // 发送到 Socket 输出流
//(3)客户端定义接收数据操作
modifiedContent = inFromServer.readLine();
System.out.println("From Server: " + modifiedContent);
clientSocket.close();            // 关闭 Socket,因此客户端和服务器之间的 TCP 连接也被关闭
    }
}
```

2. TCP 服务器端代码设计

服务器端设计思想：服务器从 connectionSocket 的输入流中接收到客户端发送的查询信息放入缓冲区 InFromClient 中缓存，等待数据接收完成以后，从缓冲区取出数据进行长度分析，将分析的结果通过管道 outToClient 送给 connectionSocket 的输出流，发送给客户端。服务器端数据流向如图 5-59 所示。

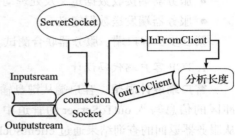

图 5-59 服务器端数据流向图

代码 5-2

```java
import java.io.*;
import java.net.*;
public class TCPServer {
    private static ServerSocket listenSocket;
    public static void main(String[] args) throws IOException {
        String clientContent;
        String getContentLength;
        //(1)创建服务器端监听端口
        listenSocket = new ServerSocket(7777);
        while (true)
        {
            // 接收客户端的请求
            Socket connectionSocket = listenSocket.accept();
            // 监听到客户机时,创建一个新的 Socket,端口号相同
            //(2)服务器端缓冲区定义
            //定义从服务器的 Socket 输入流中获取的信息行为
            BufferedReader inFromClient = new BufferedReader(
                    new InputStreamReader(connectionSocket.getInputStream()));
            DataOutputStream outToClient = new DataOutputStream(
                    connectionSocket.getOutputStream());
            //(3)服务器端接收数据定义及处理动作
                    clientContent = inFromClient.readLine();
            //服务器对获取的信息进行处理,读出字符串长度
                    getContentLength = Integer.toString(clientContent.length()) + '\n';
            //(4)服务器端发送数据定义
                    outToClient.writeBytes(getContentLength);
            //关闭该次连接的 Socket
                    connectionSocket.close();
        }
    }
}
```

3. 客户端、服务器联合测试

1）在命令行中，分别通过"javac TCPServer.java"和"javac TCPClient.java"命令对客户端和服务器的源代码程序进行编译。

2）在命令行中输入"java TCPServer"命令，启动服务器端程序。

3）新建一个命令行窗口，输入"java TCPClient"命令，启动客户端程序。

4）在客户端输入"abcdefg"，服务器端返回字符串长度的结果"From Server：7"。客户端运行结果如图 5-60 所示。

图 5-60　客户端运行结果

5.5.7　实验总结

TCP 是面向连接、基于字节流的通信协议，因此在编程过程中，要特别注意为发送数据构建输入、输出流，同时在完成数据传输以后，应该关闭相应的 Socket，以便释放资源。在实验过程中，服务器端程序必须先于客户端程序运行，否则服务器和客户端之间无法建立 TCP 连接。

5.5.8　思考与进阶

思考： 如果在运行 TCP Server 之前运行 TCP Client，则会发生什么现象？为什么？

进阶： 修改程序，实现 TCP 服务器支持 n 个并行连接，每个连接来自不同的客户机主机。

5.6　基于 UDP 的 Socket 编程

5.6.1　实验背景

前面介绍了常用的 Socket 类型有两种：流式 Socket（SOCK_STREAM）和数据报式 Socket（SOCK_DGRAM）。数据报式 Socket 是为无连接的服务提供的接口。在本实验中，通过 Java 语言编写的基于 UDP 的客户端/服务器程序，让学生了解无连接网络应用的工作原理及程序设计方法。

5.6.2　实验目标与应用场景

1. 实验目标

通过基于 UDP 的 Socket 程序的编写、调试，掌握以下知识点：

1）Socket 的编程方法。

2）基于 UDP 的网络应用的传输特点。

2. 应用场景

基于 UDP 的 Socket 编程可应用于聊天室等各种无连接的网络应用程序的开发。

5.6.3 实验准备

实验要求利用 Java 语言编写基于 UDP 的字符串逆序转换的网络应用程序。实验前需要了解下面相关知识：

1）UDP 基于字节流传输的基本原理。
2）Socket 的相关知识。
3）Java 编程基础、Java 下的 DatagramSocket 类的方法。

5.6.4 实验平台与工具

1. 实验平台

Windows 7（任何平台均可以完成该实验）

2. 实验工具

JDK 1.8、文本编辑器

5.6.5 实验原理

1. 基于 UDP 的 Socket 简介

UDP 提供一种不可靠、无连接的通信服务，在客户端/服务器工作模式下由客户端主动发起请求，服务器被动处理请求。一个 UDP 的 Socket 由二元组构成（目的 IP 地址、目的端口号）。客户端和服务器之间无须在通信之前建立连接，通信双方以数据包为单位进行传送，因此发送的数据包需要指明接收的 IP 地址及端口号信息。基于 UDP 的 Socket 编程客户端服务器的方法是对等的，步骤如下：

1）创建 Socket。
2）绑定 Socket 到一个 IP 地址和一个端口上。
3）等待和接收数据。
4）关闭 Socket。

2. 基于 UDP 的字符串逆序转换的网络应用程序开发

基于 UDP 的 Socket 编程，需要完成客户端和服务器两部分的程序设计。在代码开发之前，需要对网络应用的协议进行详细设计。本实验的应用层协议设计如下：

1）协议的格式：ASCII 码字符，回车符作为消息的结束。
2）协议的工作原理。
①客户端：从标准键盘读入一行字符，通过 Socket 发送到服务器；收到服务器反馈的信息，将信息显示在标准输出屏幕上；关闭连接。
②服务器端：从 Socket 中读出客户端发送的字符串信息；进行逆序转换；将转换的结果通过 Socket 发送给客户端。

首先，创建服务器端和客户端的 DatagramSocket()，客户端将要发送的字符串封装在 DatagramPacket 报文，通过 clientSocket 发送给服务器；当客户端收到服务器的反馈结果以后，从 DataGramPacket 报文中读出转换结果，并将结果显示在显示器上。服务器端则从 serverSocket 收到客户端发送的 DataGramPacket 报文，从报文中解析出待转换的字符串、客户端 IP 地址、客户端端口号，然后将转换结果封装在 DataGramPacket 报文中发送给客户端。基于 UDP 字符串逆序转换的网络应用的工作流程如图 5-61 所示。

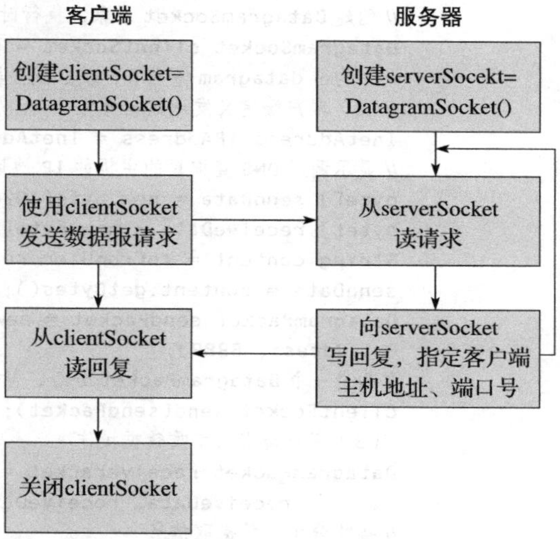

5.6.6 实验步骤

实验主要分三个步骤完成基于 UDP 的 Socket 应用程序的开发，实验步骤如下。

第一步：UDP 客户端代码设计及调试。
- 客户端 Socket 缓冲区的创建及 Socket 的定义；
- 客户端定义发送数据操作；
- 客户端定义接收数据操作。

第二步：UDP 服务器端代码设计及调试。
- 服务器端 Socket 监听；
- 服务器端接收数据；
- 服务器转换代码；
- 服务器发送数据。

图 5-61 UDP 客户端 – 服务器工作流程图

第三步：客户端、服务器联合测试。

1. UDP 客户端代码设计

客户端设计思想：UDP 的客户端从标准的键盘输入的字符串，流入 InFromUser 缓冲区缓存，客户端根据接收端的 IP 地址及接收端端口号将 InFromUser 中的字符串信息封装到 DataGramPacket 对象中，再通过 send() 方法将封装好的数据信息通过 clientSocket 发送给服务器；当从 clientSocket 中通过 receive() 方法接收到服务器回复的信息，客户端需要从封装好的 DataGramPacket 对象中读取数据信息，然后在显示器上将转换结果显示出来。客户端数据流图如图 5-62 所示。

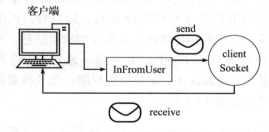

图 5-62 基于 UDP 的字符逆序转换程序客户端数据流

代码 5-3

```
import java.io.*;
import java.net.*;
public class UDPClient {
    public static void main(String argv[]) throws Exception
    {
        //（1）客户端 Socket 缓冲区的创建及 Socket 的定义
```

```java
        BufferedReader inFromUser = new BufferedReader(
                new InputStreamReader(System.in));
        // 创建 DatagramSocket 对象, 执行时, 客户端没有与服务器联系
        DatagramSocket clientSocket = new DatagramSocket();
        // 为构造 datagram 做准备, 获取服务器 IP 地址, 构建接收报文和发送报文的字节数组
        //（2）客户端定义发送数据操作
        InetAddress iPAddress = InetAddress.getByName("localhost");
        // 显示调用 DNS 查询目的主机的 IP 地址
        byte[] sendData = new byte[1024];
        byte[] receiveData = new byte[1024];                   // 创建字节数组
        String content = inFromUser.readLine();
        sendData = content.getBytes();                          // 进行类型转换
        DatagramPacket sendPacket = new DatagramPacket(sendData, sendData.length, iPA
                ddress, 8888);
        // 构造一个 DatagramPacket 分组, 包含数据、数据长度、目的主机的 IP 地址和应用程序的端口号
        clientSocket.send(sendPacket);
        //（3）客户端定义接收数据操作
        DatagramPacket receivePacket = new DatagramPacket(
                receiveData, receiveData.length);              // 创建接收分组
        // 接收分组, 并提取信息
        clientSocket.receive(receivePacket);
        String modifiedContent = new String(receivePacket.getData()).substring(0, receivePacket.
                getLength());
        // 提取数据, 进行类型转换
        System.out.println("From Server: " + modifiedContent);
        // 关闭 Socket
        clientSocket.close();                                  // 关闭 Socket
    }
}
```

2. UDP 服务器端代码设计

服务器端设计思想: UDP 的服务器端通过 receive() 方法从 ServerSocket 中接收客户端发送过来的数据信息, 从 DataGramPacket 对象中读取数据信息及客户端 IP 地址、端口号, 再把数据信息进行逆序转换; 转换完的数据信息, 重新封装成 DataGramPacket 对象, 通过 send() 方法从 ServerSocket 中发送给客户端。服务器端数据流图如图 5-63 所示。

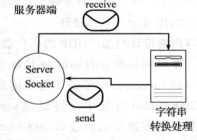

图 5-63 基于 UDP 的字符逆序转换程序服务器端数据流图

代码 5-4

```java
import java.net.DatagramPacket;
import java.net.DatagramSocket;
import java.net.InetAddress;
public class UDPServer {
        private static DatagramSocket serverSocket;
    public static void main(String argv[]) throws Exception
    {
        //（1）服务器端 Socket 监听
        serverSocket = new DatagramSocket(8888);
        byte[] sendData = new byte[1024];
```

```java
            byte[] receiveData = new byte[1024];
            while (true)
            {
                //（2）服务器端接收数据
                DatagramPacket receivePacket = new DatagramPacket(
                        receiveData, receiveData.length);
                        serverSocket.receive(receivePacket);
                String content = new String(receivePacket.getData()).substring(0, receive
                        Packet.getLength());
                // 对 Socket 直接交付来的分组进行拆分
                //（3）服务器转换代码
                // 服务器处理字符串以后，构造 packet 通过 Socket 发送给客户端
                char[] tempArray = content.toCharArray();
                char temp;
                for (int i = 0, j = tempArray.length - 1; i < j; ++i, --j)
                {
                    temp = tempArray[i];
                    tempArray[i] = tempArray[j];
                    tempArray[j] = temp;
                } // 将字符串进行倒序
                String reverseContent = new String(tempArray);
                //（4）服务器发送数据
                // 从接收的报文中读取客户端 IP、端口
                InetAddress iPAddress = receivePacket.getAddress();
                int port = receivePacket.getPort();// 客户机端口号
                sendData = reverseContent.getBytes();
                DatagramPacket sendPacket = new DatagramPacket(
                        sendData, sendData.length, iPAddress, port);
                        serverSocket.send(sendPacket);
            }
        }
    }
```

3. 客户端、服务器联合测试

1）在命令行中，分别通过"javac UDPServer.java"和"javac UDPClient.java"命令对客户端和服务器的源代码程序进行编译。

2）在命令行中输入"java UDPServer 命令"，启动服务器端程序。

3）新建一个命令行窗口，输入"java UDPClient"命令，启动客户端程序。

4）在客户端输入"abcdefg"，服务器端返回字符串长度的结果"From Server: gfedcba"。客户端运行结果如图 5-64 所示。

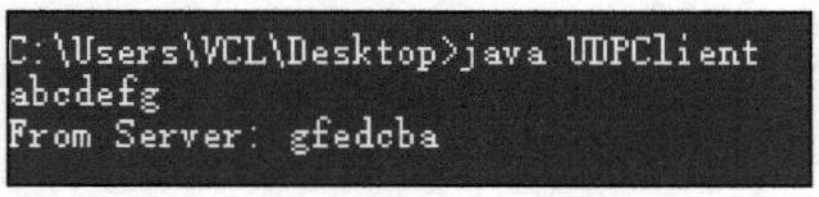

图 5-64　客户端运行结果图

5.6.7　实验总结

UDP 是无连接、不可靠的传输协议，所以 UDP Socket 在使用前不需要建立连接。UDP 不是基于字节流的，因此编程过程中不需要像基于 TCP 的应用程序要定义输入/输出流，但是每次发送的数据包都需要指定发送的目的 IP 及目的端口号。在 UDP 的程序设计过程中注

意比较和基于 TCP 程序设计的差异。

5.6.8 思考与进阶

思考： 如果在运行 UDP Server 之前运行 UDP Client，则会发生什么现象？为什么？

进阶： 使用 Java 编写一个 UDP pinger，模拟 ping 过程。

第 6 章
传输层实验

 传输层位于 TCP/IP 协议体系的第四层，用于保证通信双方实现端到端的数据传输。应用层可以根据网络应用的需要，选择不同的传输层协议来支撑满足应用的服务。传输层提供了面向连接、可靠的字节流服务（TCP）及无连接的数据报服务（UDP）。因此，在传输层的协议学习过程中，TCP 的连接管理、如何实现可靠传输、流量控制及拥塞控制算法是要求学生重点掌握的内容。在协议分析实验中，设计了协议相关的问题，便于学生能够在实验过程中更好地掌握理论课所涉及的知识点。

本章设计了两个传输层实验来帮助学生理解 TCP 及 UDP 的工作原理，本章的实验主要借助于 Wireshark 软件截获数据包，通过对数据包的分析了解协议的报文格式，了解报文各个字段的语义，从而掌握这些协议的工作原理。

6.1 TCP 的连接管理分析

6.1.1 实验背景

TCP（Transmission Control Protocol，传输控制协议）是面向连接的、端到端的、可靠的传输层协议，其中面向连接是一个重要的特性。实验将从 TCP 建立连接的三次握手和释放连接的四次握手出发，让学生掌握 TCP 连接管理的过程及在此过程中序号、确认号的变化情况。

6.1.2 实验目标与应用场景

1. 实验目标

实验通过捕获 TCP 会话过程的数据包来了解 TCP 连接建立和释放的过程。在实验过程中，需要掌握以下知识点：

1) TCP 三次握手建立连接的工作原理，以及每次握手过程中标志位的变化情况。
2) TCP 四次握手释放连接的工作原理，以及每次握手过程中标志位的变化情况。
3) 在 TCP 传送数据过程中，确认号和序号的变化。

2. 应用场景

TCP 规定建立连接时进行三次握手，从而保障了可靠性。由此可知，TCP 一般用于准确性要求高但效率要求相对较低的场景，如 FTP 文件传输、SMTP/POP3 邮件服务、Telnet 远程登录等。

TCP 三次握手过程中可能遭受 DoS（Denial of Service，拒绝服务）攻击。最典型的 DoS 攻击就是 SYN Flood 攻击。攻击方冒用 IP 地址发送大量的第一次握手数据（SYN 包）请求连接后，服务器回应第二次握手数据（SYN 和 ACK 包），但攻击方不再响应第三次握手数据（ACK 包）。此时服务器将在一定间隔时间内重复发送第二次握手数据，直至超时结束。当用户发现业务响应几乎得不到应答时，管理员在检查 DNS 无故障后，应考虑服务器是否遭受了 SYN Flood 攻击。在遭受 SYN Flood 攻击时，服务器响应慢，CPU 占用率高，连接数剧增，此时可以通过查看发起连接的 IP 地址，并封锁可疑地址段来进行应急处理。此外，针对 TCP 连接管理缺陷还有其他网络攻击方式，如没有设置任何标志的 TCP 报文攻击、TCP RST 攻击、TCP 会话劫持等。

利用 TCP 连接管理还可以实现开放端口的扫描（TCP Scanner），如用于找寻 Internet 上的 FTP 站点等功能。

6.1.3 实验准备

实验通过 Wireshark 捕获的数据包来分析 TCP 连接建立、传输数据和释放连接的过程。实验前需要了解下面相关知识：

1）TCP 段首部各字段的含义。
2）TCP 三次握手建立连接和四次握手释放连接的工作原理。
3）Wireshark 的使用方法。

6.1.4 实验平台与工具

1. 实验平台

Windows Server 2008 R2 SP1（任何平台均可以完成）

2. 实验工具

Wireshark

6.1.5 实验原理

1. TCP 连接建立

为了提供可靠的传送，TCP 在发送新的数据之前，需要采用"三次握手"的方式建立连接，过程如图 6-1 所示。

2. TCP 连接释放

当通信双方的数据传输结束之后，采用"四次握手"的方式释放连接，如图 6-2 所示。

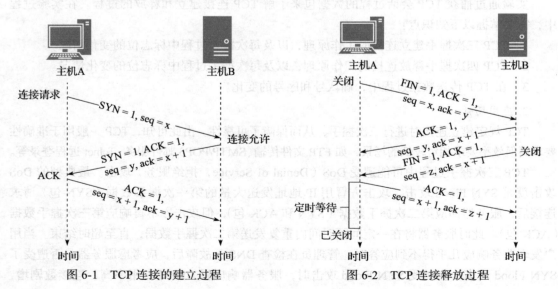

图 6-1 TCP 连接的建立过程   图 6-2 TCP 连接释放过程

6.1.6 实验步骤

实验分为两个任务：通过对 Web 服务器的访问获取 TCP 连接及释放过程的数据包，然后对捕获的数据包进行分析。实验步骤如下。

第一步：TCP 会话过程数据包的捕获。

第二步：TCP 会话过程数据包的分析。

1. TCP 会话过程数据包的捕获

1）打开 Wireshark，启动 Wireshark 分组俘获器。

2）在 Web 浏览器地址栏中输入"www.scu.edu.cn"后按 Enter 键。

3）待获取完整页面以后，停止分组捕获，如图 6-3 所示。

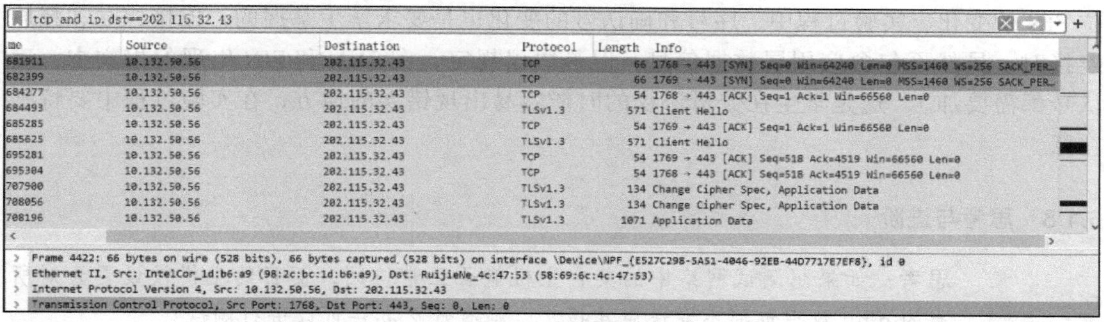

图 6-3 Wireshark 捕获 TCP 会话数据包界面

4）在过滤器中输入"ip.addr==202.115.32.43"（所访问服务器的 IP 地址）。

2. TCP 会话过程数据包的分析

对从 Wireshark 中截获的数据包进行分析，并回答下面的问题（需要在实验报告中附上 Wireshark 的截图作为回答依据）：

1）从捕获的数据包中找出三次握手建立连接的数据包。

2）从找到的三次握手数据包中观察，客户端协商的 MSS 为多少？客户端的接收窗口为多少？

3）服务器协商的 MSS 为多少？服务器端的接收窗口为多少？

4）在传输过程中，客户端和服务器传输数据时的 MSS 为多少？

5）说明在三次握手过程中数据包的序号、确认号、SYN 标志位、ACK 标志位的变化。

6）根据图 6-4 分析第四个数据包，客户端发送了什么数据给服务器？

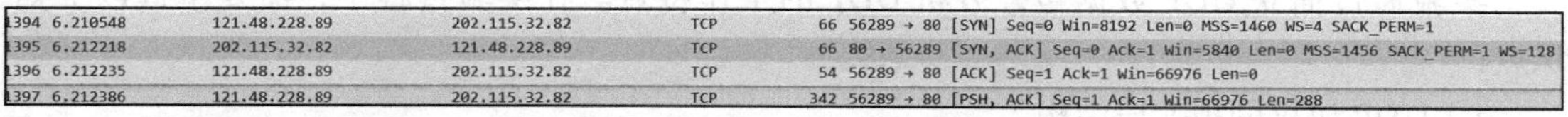

图 6-4 数据包信息

7）当客户端发送了 HTTP 请求报文以后，客户端收到服务器的 ACK 为多少？

8）在捕获的数据包中是否有窗口更新报文？如果有，则说明在什么情况下会产生窗口更新报文。

9）从捕获的数据包中找到上次握手释放连接的数据包。

10）在这个 TCP 的会话过程中，服务器一共给客户端传送了多少应用层数据？

11）如果 TCP 会话一共传输了 18695 字节的数据信息，为什么最后 FIN 的确认号是 18697？

6.1.7 实验总结

通过实验，学生可以了解在 TCP 连接管理过程中，连接的建立、数据的传输及连接的关闭的过程。在这个过程中，要特别注意数据连接的标志位 SYN 的变化及关闭连接的标志位 FIN 的变化。实验过程中，序号和确认号的变化也是要求学生掌握的，连接建立和释放连接时，虽然不包含应用层数据信息，但是协议规定，在 SYN 和 FIN 出现的报文中，确认号都需要加 1。这是学生在分析协议的时候容易出现错误的地方，在实验过程中要特别注意。

6.1.8 思考与进阶

思考：如果想测试网络中的某台主机能否正常访问，而目的主机被设置为对所有的 ping 数据包都不发送应答报文，则有什么办法可以进行测试？

进阶：哪些扫描器是使用 TCP 连接管理的原理来设计的？

6.2 UDP 协议分析

6.2.1 实验背景

UDP（User Datagram Protocol，用户数据报协议）是 TCP/IP 协议体系中无连接的传输层协议，提供面向事务的简单不可靠信息传送服务。UDP 属于传输层，位于 IP 协议的上层，具有不提供数据包分组、组装和不能对数据包进行排序的缺点，也就是说，当报文发送之后，其是否安全、完整到达目的地是无法得知的。

6.2.2 实验目标与应用场景

1. 实验目标

实验通过捕获 UDP 数据包，分析 UDP 的工作特点。在实验过程中，需要掌握以下知识点：

1）UDP 协议的报文段结构。

2）UDP 的工作原理。

2. 应用场景

由于 UDP 无连接的特性，因而其具有资源消耗小、处理速度快的优点，所以通常在传输音频、视频等对处理速度要求高的数据时使用 UDP 较多；另外，UDP 可以进行多点传输，所以在广播和多播的应用中经常使用。

6.2.3 实验准备

实验使用 Wireshark 捕获 UDP 会话过程中的数据，通过捕获的数据包来分析 UDP 的特点。实验前需要了解下面相关知识：

1）UDP 的工作原理及应用。

2）Wireshark 工具的使用方法。

6.2.4 实验平台与工具

1. 实验平台

Windows Server 2008 R2 SP1（任何平台均可以完成）

2. 实验工具

Wireshark

6.2.5 实验原理

UDP 是 TCP/IP 协议体系中一种无连接的传输层协议，主要用于不要求分组按序到达的传输中，分组传输顺序的检查与排序由应用层完成，UDP 基本上是 IP 协议与上层协议的接口。UDP 提供无连接通信，且不对传送数据包进行可靠性保证，适合一次传输少量数据，UDP 传输的可靠性由应用层负责。常用的 UDP 应用有 DNS（53）、TFTP（69）、SNMP（161）。

UDP 报文没有可靠性保证、顺序保证和流量控制等，可靠性较差。但是正因为 UDP 的控制选项较少，数据传输过程中的延迟小、数据传输效率高，所以适合对可靠性要求不高的应用程序，或者应用层自身可以保障可靠性的应用程序。

6.2.6 实验步骤

实验分为两个任务：通过 DNS 域名解析捕获 UDP 数据包，然后分析 UDP 数据包。实验步骤如下。

第一步：UDP 数据包的捕获。

第二步：UDP 数据包的分析。

1. UDP 数据包的捕获

进行捕获之前，清空客户端的 DNS 缓存，以确保域名到 IP 地址的映射是从网络中请求的。由于 DNS 服务使用 UDP，所以在域名解析的过程中可以捕获 UDP 数据分组。在 Windows 系统下，可通过在命令提示行中输入"ipconfig/flushdns"来清除 DNS 解析缓存。

1）打开 Wireshark，启动分组俘获器。

2）在命令行中输入"ping cs.scu.edu.cn"，并按 Enter 键。

3）停止分组捕获，如图 6-5 所示。

4）在过滤器中输入"udp and dns"。

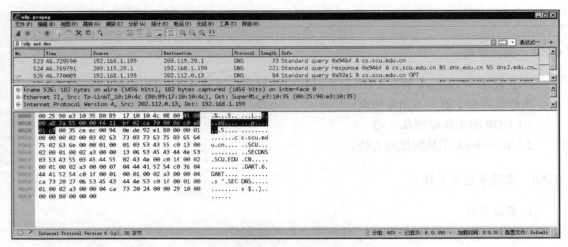

图 6-5 使用 Wireshark 捕获的 UDP 数据分组

2. UDP 数据包的分析

对从 Wireshark 中截获的数据包进行分析，并回答下面的问题（需要在实验报告中附上 Wireshark 的截图作为回答依据）：

1）UDP 的头部包含几个字段？分别是什么？头部总共多少字节？

2）UDP 头部中的 Length 字段的含义是什么？

3）查看 Wireshark 的数据区域，UDP 头部各个字段对应十六进制的编码。

4）还可以通过什么方式获取 UDP 数据包？

6.2.7 实验总结

相比 TCP，UDP 的工作过程要简单很多，本实验主要让学生了解 UDP 的头部结构及各字段的含义，体会 UDP 的传输过程及其与 TCP 的不同之处。UDP 在传输过程中所执行的传输策略为"尽最大努力"，不提供数据传送的保证机制，差错检验主要依靠协议头部的校验和字段来进行，如果错误则丢掉数据包。"

6.2.8 思考与进阶

思考：根据 UDP 伪头部信息及 UDP 报文信息，计算校验和字段。

进阶：在一个传输层使用 UDP 的应用中，如何建立可靠性机制来实现应用层数据的可靠传输？

第 7 章
网络层实验

网络层位于 TCP/IP 协议体系的第三层，用于实现异构网络的互联。Internet 的网络层为通信主机之间提供了一种无连接、不可靠的数据报服务。除了 IP 协议以外，网络层还涉及 ICMP、路由协议、DHCP、NAT 地址转换等内容。这些协议都离不开网络层的 IP 地址，因此，实验前需要掌握 IP 地址及子网划分等知识。

本章设计了六个网络层实验来帮助学生了解网络层各个协议的工作原理及网络层设备路由器的配置方法，本章的实验不仅借助于 Wireshark 软件截获数据包，通过对数据包的分析了解协议工作原理，更重要的是通过 Cisco 的 Packet Tracer 来模拟组建网络，模拟网络设备的配置。在做网络层实验之前，建议先阅读本书第 3 章的内容，了解 Packet Tracer 的使用方法。

7.1 DHCP 的配置与协议分析

7.1.1 实验背景

通常主机获取 IP 地址有两种方法：①管理员人工设置静态 IP 配置信息；②通过 DHCP（Dynamic Host Configuration Protocol，动态主机配置协议），本地主机动态从 DHCP 服务器获取 IP 地址及一些额外的 IP 配置信息。

DHCP 能够为本地网络或者无线网络的主机分配临时 IP 地址，并提供 IP 地址、子网掩码、默认网关及域名服务器的 IP 地址。

7.1.2 实验目标与应用场景

1. 实验目标

实验以 Windows Server 2008 为配置环境，了解 DHCP 的配置过程，并在配置实验完成以后通过对捕获的 DHCP 数据包分析，掌握 DHCP 的工作原理。在实验过程中，需要掌握以下知识点：

1）Windows Server 下 DHCP 服务的安装及配置方法。
2）DHCP 四次握手的基本过程。
3）DHCP 续借地址的过程。
4）DHCP 在获取 IP 地址的过程中如何使用特殊 IP 地址来完成握手的过程。

2. 应用场景

DHCP 服务既可以布置于路由器上，又可以布置于服务器上，这在本质上没有区别，但是路由器的处理能力和存储空间均不如服务器，并且级联路由器存在多个接入点时容易导致

DHCP 服务冲突，而服务器 DHCP 能更好地定义 IP 分配规则、配置租约期等，所以路由器 DHCP 多用于小型网络，服务器 DHCP 多用于大型网络。

虽然 DHCP 采用广播地址回应客户端的请求，但是一个子网内允许存在多个 DHCP 服务器。同时，因为路由器不转发 DHCP 广播报文，跨网段时需要在每个网段都设置 DHCP 服务，或者使用 DHCP 中继（DHCP relay）。DHCP 中继的核心内容就是通过一个小程序（DHCP 代理服务）将路由器配置为接受该广播请求，并以单播形式转发给指定 IP 地址（DHCP 服务器 IP 地址）。DHCP 中继服务通常配置在路由器或交换机中。

类似于 TCP SYN 洪水攻击，DHCP 也存在 DHCP Starvation Attack（DHCP 饥饿攻击）。攻击方使用伪造的 MAC 地址向 DHCP 服务器发出大量请求包，DHCP 为其分配 IP，直至 IP 资源池消耗殆尽。为了达到盗用服务的目的，攻击方此时可以另外伪造一台 DHCP 服务器来响应正常请求。目前，通过 DHCP+ 认证技术（如 DHCP+Web 方式、DHCP+ 客户端方式、DHCP 扩展字段方式）可以提高 DHCP 的安全性。

7.1.3 实验准备

实验使用 Wireshark 捕获 DHCP 会话过程中的数据，通过捕获的数据包来分析 DHCP 的协议原理。实验前需要了解下面相关知识：

1）DHCP 的协议原理。
2）DHCP 获取新 IP 配置信息和续借之间的差别。
3）Wireshark 的使用方法。

7.1.4 实验平台与工具

1. 实验平台
Windows Server 2008 R2 SP1

2. 实验工具
Wireshark

7.1.5 实验原理

1. 基本概念

DHCP（RFC 2131）提供了一个在 TCP/IP 下传递配置信息给主机的框架。DHCP 在 BOOTP（Bootstrap Protocol，引导程序协议）基础上增加了自动给主机分配可用地址和额外配置信息的功能。DHCP 由两部分构成：DHCP 服务器中获取主机的特定配置信息的协议和为主机分配地址的机制。

DHCP 通过四步（DHCP 发现、DHCP 提供、DHCP 请求、DHCP 应答）来完成客户端 IP 信息的获得。客户端所获取的 IP 地址是从 DHCP 服务器租借的，因此所分配的 IP 地址有租期，当租约时间快到期时，客户端需要完成地址的续租过程。

2. 实验拓扑结构

当客户端主机设置为"自动获取 IP"时，DHCP 服务器将为主机动态分配 IP 配置信息。如果 DHCP 服务器和客户端不在一个子网，则可以通过 DHCP 的中继代理，经由路由器将

第 7 章　网络层实验　　93

DHCP 客户端的请求单播发送给服务器（本实验主要通过客户端和服务器在同一子网的情况来了解 DHCP 的工作过程）。实验拓扑结构如图 7-1 所示。

7.1.6　实验步骤

实验主要分为两个任务：在 Windows 下 DHCP 服务器的搭建和利用 Wireshark 截获 DHCP 的数据包，通过对数据包的分析了解 DHCP 的工作过程。实验步骤如下。

第一步：Windows Server 下 DHCP 服务器的安装与配置。

- DHCP 服务器的安装及配置。
- DHCP 客户端的配置。

第二步：DHCP 协议分析。

- DHCP 获取新 IP 配置信息过程分析。
- DHCP IP 地址的续借过程分析。

图 7-1　DHCP 实验拓扑结构

1. Windows Server 下 DHCP 服务器的安装与配置

（1）DHCP 服务器的安装及配置

在 Windows Server 操作系统下，选择"开始"→"管理工具"选项，打开"服务器管理器"窗口，如图 7-2 所示。

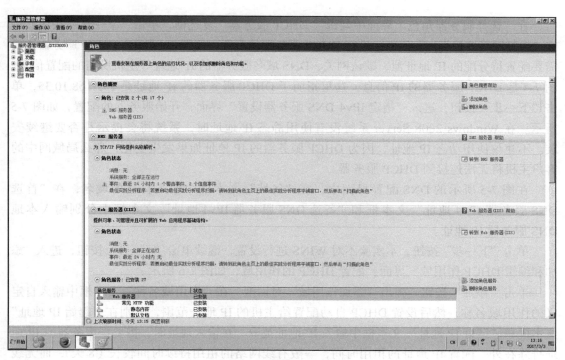

图 7-2　"服务器管理器"窗口

在"服务器管理器"窗口中单击"添加角色"按钮，进入"选择服务器角色"界面，如

图 7-3 所示。

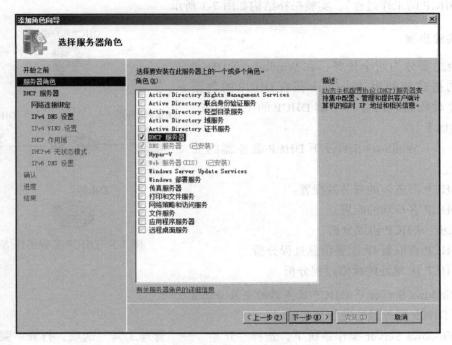

图 7-3 选择"服务器角色"界面

在"选择服务器角色"界面中勾选"DHCP 服务器"复选框,单击"下一步"按钮,进入"选择网络连接绑定"界面,进行 DHCP 服务器的配置,如图 7-4 所示。DHCP 服务器主要需要配置待分配的 IP 地址池、默认网关、DNS 域名服务器的 IP 地址等主机所需的配置信息。图 7-4 是 DHCP 服务器的 IP 信息,这里指明了 DHCP 服务器的 IP 地址是 192.168.10.35,单击"下一步"按钮,进入"指定 IPv4 DNS 服务器设置"界面,开始服务器的配置,如图 7-5 所示。在 Windows 2008 Server 系统没有使用静态 IP 地址时,系统将会提示是否要继续安装。不建议使用动态 IP 地址,因为 DHCP 服务器的 IP 地址如果发生变化,那么局域网中的客户主机将无法连接到 DHCP 服务器。

在图 7-5 所示的 DNS 配置界面中,在"父域"文本框中输入自己的域名,在"首选 DNS 服务器 IPv4 地址"文本框和"备选 DNS 服务器 IPv4 地址"文本框中分别输入本地 DNS 服务器 IP 地址。

单击"下一步"按钮,本实验不对 WINS 进行设置,继续单击"下一步"按钮,进入"添加和编辑 DHCP 作用域"界面,配置 DHCP 的作用域,如图 7-6 所示。

单击"添加"按钮,弹出"添加作用域"对话框,在"作用域名称"文本框中输入自定义的作用域名称,然后设置 DHCP 自动配置给主机的 IP 地址范围,分别在"起始 IP 地址"文本框和"结束 IP 地址"文本框中输入 IP 地址范围。在输入地址时,需要把服务器的 IP 地址排除在外。配置 IP 地址的租用时间,一般有线网络的租用持续时间较长(8 天),而无线网络的租用持续时间较短(8 小时),根据子网类型选择默认的设置时间即可。设置完成 IP 地址池的范围以后,系统会根据 IPv4 地址的类型,自动填入默认子网掩码。最后设置默认网关,如果只是简单地让主机获取配置信息,则默认网关可以不填,但是如果主机需要和外界进行通信,则需要设置正确的默认网关。配置完成以后,单击"确定"按钮,下一步配置 DHCPv6 的无状态模式,选择禁用选项以后,进入图 7-7 所示的配置结果界面。

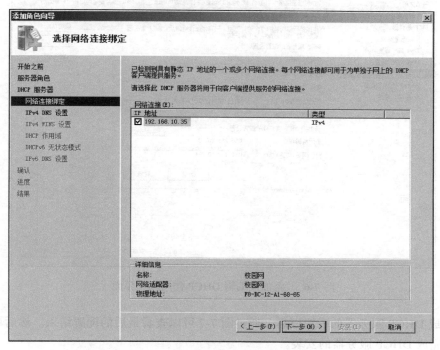

图 7-4 "选择网络连接绑定"界面

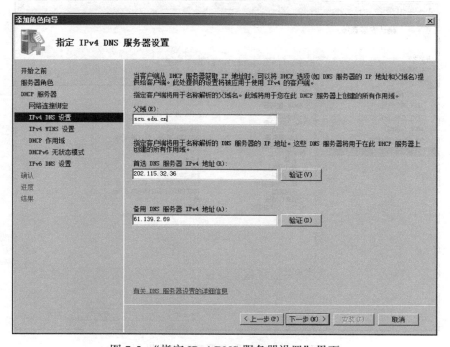

图 7-5 "指定 IPv4 DNS 服务器设置"界面

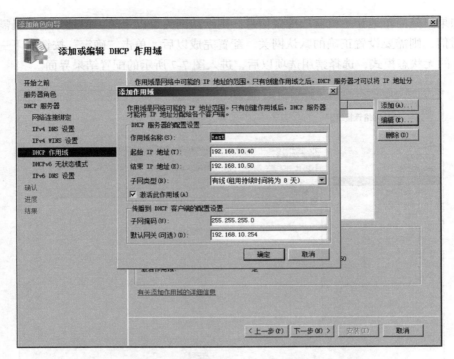

图 7-6 "添加或编辑 DHCP 作用域"界面

当完成 DHCP 服务器的配置以后，通过图 7-7 可以查看最后的配置结果。然后单击"安装"按钮完成 DHCP 服务器的安装。

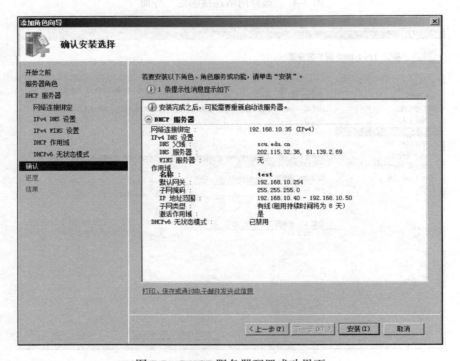

图 7-7 DHCP 服务器配置成功界面

（2）DHCP 客户端的配置

完成服务器端的配置以后，打开"网络连接"，选择"属性"按钮，在"以太网"属性选项卡中双击"Internet 协议版本 4（TCP/IPv4）"选项，打开"Internet 协议版本 4（TCP/IPv4）属性"对话框，如图 7-8 所示。

选中"自动获得 IP 地址"单选按钮，单击"确定"按钮。客户端将从 DHCP 服务器那里自动获取 IP 配置信息。

2. DHCP 协议分析

（1）DHCP 获取新 IP 配置信息过程分析

1）在命令行窗口通过 ipconfig/release 命令释放客户端主机原有 IP 配置信息。

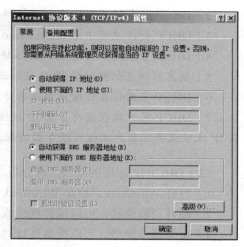

图 7-8 "Internet 协议版本 4（TCP/IPv4）属性"对话框

提示：如果不使用 release 命令，则无法获取 DHCP 完整的四次握手过程，只能得到续借的两次握手的数据包。

2）打开 Wireshark，启动 Wireshark 分组俘获器。

3）通过 ipconfig/renew 命令，重新获取 IP 配置信息。

4）停止分组捕获，如图 7-9 所示。

5）在过滤器中输入"bootp"。

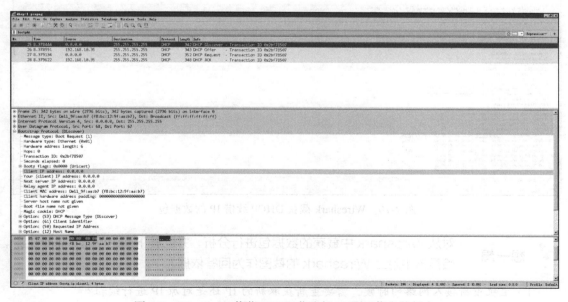

图 7-9 Wireshark 截获 DHCP 获取新 IP 配置信息的报文

对从 Wireshark 中截获的数据包进行分析，并回答下面的问题（需要在实验报告中附上 Wireshark 的截图作为回答依据）：

1）客户端主机在获取一个新的 IP 配置信息时需要通过几次握手来完成？
2）DHCP 服务器从地址池中选择哪个 IP 地址分配给客户端？
3）DHCP 会话过程中的 Transaction ID 是多少？
4）DHCP 分配的子网掩码、DNS 域名服务器分别为什么？
5）该客户端主机租借的 IP 地址租期为多久？
6）DHCP 采用什么传输层协议来传送 DHCP 报文？
7）DHCP 客户端在没有分配 IP 地址之前采用什么 IP 地址和服务器通信？服务器采用什么 IP 地址来保证客户端收到服务器的配置信息？

（2）DHCP IP 地址的续借过程分析
1）打开 Wireshark，启动 Wireshark 分组俘获器。
2）断开当前连接，可以拔掉网线或者禁用网卡。
3）重新接入网络，可以重新连接网线或者重新启用网卡，让主机自动获取 IP 地址。
4）停止分组捕获，如图 7-10 所示。
5）在过滤器中输入"bootp"。

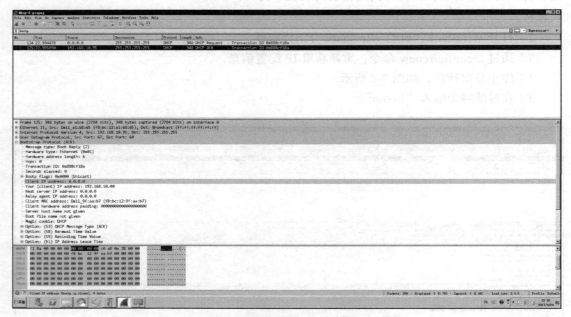

图 7-10　Wireshark 截获 DHCP 续借 IP 的数据包

 对从 Wireshark 中截获的数据包进行分析，并回答下面的问题（需要在实验报告中附上 Wireshark 的截图作为回答依据）：

1）主机重新接入网络的时候，需要重新获取新的 IP 还是对原 IP 进行续租？
2）主机在续租时，使用几次握手来完成续租的过程？

7.1.7　实验总结

本实验比较简单，但是在对截获的 DHCP 报文分析时，需要注意 DHCP 四次握手获取新 IP 的方法。在实验过程中,同学们往往没有注意这里,导致只能获取 DHCP 两次握手的报文,这只是一个续借的过程,不能全面了解 DHCP 的完整过程。另外,在协议的分析过程中,要特别注意每次握手时发送方和接收方分别使用的特殊 IP 地址。

7.1.8 思考与进阶

思考:DHCP offer 报文发送以后,DHCP 服务器已经告诉给客户端准备分配的 IP 地址了,为什么第四次握手发送 DHCP ACK 时,服务器仍然采用广播的方式发送给客户端?

进阶:DHCP 中继(也称 DHCP 中继代理)可以实现在不同子网和物理网段之间处理和转发 DHCP 信息的功能。在配置了 VLAN 的交换机中可以配置 DHCP 中继,通过配置好的 DHCP 中继了解 DHCP 在不同子网下转发 DHCP 信息的工作原理。

7.2 ICMP 协议分析

7.2.1 实验背景

ICMP(Internet Control Message Protocol,网际控制协议)用于在 IP 主机、路由器之间传递控制信息。由于 IP 协议是无连接、不可靠的传输协议,所以 ICMP 的目的是帮助主机和路由器了解数据报在传送过程中出现故障的具体原因及位置。ICMP 允许主机或路由器报告差错信息和提供有关异常的报告,因此,其在网络中的应用非常广泛。例如,网络测试工具 ping 及 Traceroute 都是 ICMP 的重要应用。

7.2.2 实验目标与应用场景

1. 实验目标

通过对 ping 和 Traceroute 命令发送数据包的捕获和分析,了解 ICMP 查询报文和差错报文的工作原理,并了解如何通过 ICMP 发现数据包在传送过程中出现的问题。在实验过程中,需要掌握以下知识点:

1) ICMP 的原理与作用。
2) 不同类型 ICMP 报文的具体意义。
3) ping 的工作原理。
4) Traceroute 的工作原理。

2. 应用场景

由于 ICMP 的请求报文和应答报文是双向查询的,并且协议中易于获取多种类型的数据,所以攻击者容易对它发起攻击,常见的有针对主机的 DoS 攻击(如 ping of death)、针对带宽的 DoS 攻击(如伪造 echo request 报文)、针对连接的 DoS 攻击(如伪造 Destination Unreachable 终止合法连接)、基于重定向的路由欺骗等。为了预防 ICMP 攻击,针对不同的攻击方式需要采取不同的对策,例如,可以通过配置防火墙禁止指定类型的 ICMP 包、禁用路由器的定向广播功能、验证 ICMP 重定向消息等。

7.2.3 实验准备

实验使用 Wireshark 捕获 ping 和 Traceroute 会话过程中的数据，通过捕获的数据包来分析它们的设计原理。实验前需要了解下面相关知识：

1）ICMP 的原理。
2）ping 和 Traceroute 的设计原理。
3）Wireshark 的使用方法。

7.2.4 实验平台与工具

1. 实验平台

Windows Server 2008 R2 SP1（任何平台均可完成）

2. 实验工具

Wireshark

7.2.5 实验原理

1. ICMP 基本概念

ICMP（RFC 792）提供了网络数据报故障的反馈机制。ICMP 是一个差错报告机制，当数据报在网络中遇到问题时，出错的路由器或者目的主机需要向源站发送错误报告，源站必须把差错交给应用程序或者采取响应措施来纠正问题。ICMP 不仅提供了差错报告机制，而且提供了查询机制，有利于分析网络环境和定位网络问题。ICMP 报文作为 IP 层数据报的数据，加上 IP 首部以后封装成 IP 数据报发送出去。

ICMP 差错控制报文伴随着数据报的出错丢弃而产生。网络层一旦发现出现错误以后，首先丢弃出错的 IP 数据报，然后发送 ICMP 差错报文给源主机。为了便于源主机了解故障的原因及故障的位置，差错报文的数据字段除了包含出错的 IP 数据报的头部以外，还包括出错报文的数据部分的前 8 字节的数据信息。常见的差错报文包括目的地不可达报文、超时报文、参数错误报文、源站抑制报文等。

ICMP 请求/应答报文提供了一些有用信息的请求/应答，如回送请求/应答、时间戳请求/应答等。

2. ping 命令的基本原理

ping（Packet Internet Groper）是 ICMP 的一个重要应用，用来测试两个主机之间的连通性。ping 的原理是向目标主机发送一个 ICMP ECHO 类型数据包，并等待接收 ECHO 回应数据包。ping 报文用来判断目的端是否可达，对于可达的目的端，再根据发送报文的个数、接收到的响应报文的个数来判断链路的质量，根据 ping 报文的往返时间来判断源端与目的端之间的"距离"。ping 命令的对象不同，可以获取不同的查询结果，便于了解网络的情况。

- ping 127.0.0.1，127.0.0.1 为回送地址 ping 回送地址，用于检查本地的 TCP/IP。
- ping 本机 IP 地址，用于检查本机的 IP 地址设置和网卡安装配置是否有误。
- ping 默认网关或本网 IP 地址，用于检查硬件设备是否有问题，也可以检查本机与本地网络的连接是否正常。
- ping 域名，用于检查域名服务器能否正常工作，以及远程主机是否可以达到。

3. Traceroute 命令的基本原理

Traceroute，在 UNIX 系统中称为 Traceroute，在 MS Windows 系统中称为 Tracert。通过它可以了解从源主机到目的主机所经过的路径。Traceroute 通过发送小的数据包到达目的地，并且返回，测量经过设备的名称、IP 地址和每次测试需要的时间。对于路径上的每个设备，Traceroute 都会发送三次数据包。

Traceroute 的原理是通过 IP 数据报的 TTL（Time To Live）及 ICMP 报文来实现的。它首先从源主机发送 TTL=1 的数据包，经过路径上的第一个路由器后 TTL 减 1 变为 0，于是第一个路由器就会丢弃此数据包并向源主机发送一个 ICMP 超时的差错报告报文。源主机从 ICMP 报文中即可提取出数据包所经过的第一个路由器的 IP 地址。然后，源主机又发出一个 TTL=2 的数据包，可以获得第二个路由器的地址；TTL 依次递增，便获取了沿途所有路由器地址。需要注意的是，出于安全性考虑，大多数路由器会禁用 ICMP 报文，所以 Traceroute 并不一定能获取路径上所有路由器信息。

7.2.6 实验步骤

本实验主要分为两个任务：通过捕获 ping 数据包，了解 ICMP 请求 / 应答报文的工作原理；通过捕获 Traceroute 数据包，了解 ICMP 的差错控制报文及 Traceroute 的设计原理。实验步骤如下。

第一步：ping 数据包捕获及原理分析。

第二步：Traceroute 数据包捕获及原理分析。

1. ping 数据包捕获及原理分析

1）打开 Wireshark，启动 Wireshark 分组俘获器。

2）在命令行中输入"ping –n 5 www.scu.edu.cn"（ping 命令的参数说明可以在命令行中输入"ping/?"来获取，–n 是指定要发送的回显请求数），按 Enter 键。

3）停止分组捕获，如图 7-11 所示（其中，总共有 10 个 ICMP 数据包，这是因为实验中设置 ping 程序发送了 5 次请求，每次请求会返回一个 ICMP 数据包，所以总共有 10 个数据包。在 Info 域中可以看到哪些是 request 包，哪些是 reply 包）。

4）在过滤器中输入"icmp"。

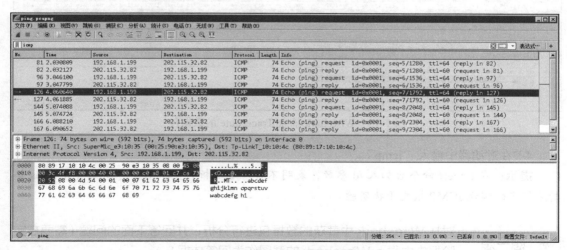

图 7-11　Wireshark 捕获 ping 数据包

对从 Wireshark 中截获的数据包进行分析,并回答下面的问题(需要在实验报告中附上 Wireshark 的截图作为回答依据):

1) ping 命令利用了 ICMP 的哪种类型报文?从哪里可以看出来?
2) ping 包发送的 ICMP 报文的数据部分内容是什么?
3) 第一个 Ping 包返回的准确时间是多少?
4) IP 数据报头部已经有 checksum 字段,为什么 ICMP 还有 checksum 字段?

2. Traceroute 数据包捕获及原理分析

1) 打开 Wireshark,启动 Wireshark 分组俘获器。
2) 在命令行中输入 "tracert /d www.scu.edu.cn",按 Enter 键,结果如 7-12 所示。

图 7-12　Traceroute 运行结果

3) 停止分组捕获,如图 7-13 所示。

图 7-13　Wireshark 捕获 Traceroute 的数据包

4) 在过滤器中输入 "icmp"。

提示:在 tracert 命令后加入 /d 参数,表明不将地址解析为主机名,可以免去 netbios 解析主机名的错误 ICMP 报文干扰实验。

对从 Wireshark 中截获的数据包进行分析,并回答下面的问题(需要在实验报告中附上 Wireshark 的截图作为回答依据):

1）Traceroute 应用发送的是 ICMP 的什么类型数据报？
2）Traceroute 发送的回显请求数据包和 ping 发送的数据包数据部分有什么差异？
3）发送的报文出现了什么错误，错误原因是什么？
4）第一个 TTL 超时报文是由谁发出的？
5）在这个 Traceroute 过程中，发送方一共发送了多少个不同的 TTL 报文（相同的 TTL 算一个）？
6）这五种不同 TTL 数据包的 TTL 字段的特点是什么？
7）Traceroute 到达目的地的判断方法是什么？
8）从捕获的数据包中分析，源主机收到了哪些不同 IP 发送的 ICMP 报文？

提示：在 Linux 操作系统下，Traceroute 捕获的数据报和 Windows 下存在一定差异，但是基本原理是相似的。

7.2.7 实验总结

本实验操作部分较为简单，但是包含了很多实用的知识点，有助于理解 ICMP 的内容及用途，同时还涉及两个比较实用的网络管理工具：ping 和 Traceroute。ping 和 Traceroute 都是平时经常使用的网络命令，可以通过在命令行中输入 "命令 /?" 来获取详细的使用信息。特别值得注意的是，Linux 系统下的 Traceroute 和 Windows 系统下的 Tracert 具体实现方式有所不同。

7.2.8 思考与进阶

思考：如果在 Traceroute 数据包的捕获中不加入 "/d" 参数，则会发生什么情况，分析说明这些新增加的数据包是什么原因导致产生的？

进阶：通过捕获 Windows 下和 Linux 下的 Tracerout 程序发送的数据包，分析两个不同操作系统下 Traceroute 的实现过程。

7.3 路由器的配置

7.3.1 实验背景

路由器作为网络层设备之一，其实质是一台专用计算机，仅用于路由选择，即在收到的数据包中获取目的端的网络层地址，并通过自身动态维护的路由表得到最佳路径，针对最佳路径所在的下一跳地址决定输出端口。路由器支持 TCP/IP、IPX/SPX、AppleTalk 等协议，但 TCP/IP 作为主流协议族仍被广泛使用。

7.3.2 实验目标与应用场景

1. 实验目标

实验分别以实物路由器和 Packet Tracer 作为配置环境，了解如何通过 Console 口对路由器进行初始配置，如 IP 信息、权限及账户等。学生可以根据实际情况选择不同的实验环境。在实验过程中，需要掌握以下知识点：

1）路由器不同的工作模式。

2）路由器的基本命令。

3）Packet Trace 模拟器的使用。

2. 应用场景

路由器可以连接各局域网及广域网，例如，公司企业内部网络接入 Internet 就需要用到路由器。在网络与网络之间可以加入计费系统、防火墙、入侵防御系统（IPS）等，以提高系统功能和防御能力。

7.3.3 实验准备

实验分别在实物和 Packet Tracer 环境下进行路由器的基本配置。实验前需要了解下面相关知识：

1）路由器通过 Console 口配置的连接方式（详见第 1 章中有关路由器的基本介绍）。

2）路由器的基本配置命令。

3）Packet Tracer 的使用方法。

7.3.4 实验平台与工具

1. 实验平台

Windows Server 2008 R2 SP1（任何平台均可完成）

2. 实验工具

1）实物环境配置：锐捷路由器 1 台、锐捷交换机 1 台、主机 2 台、Console 配置线 1 根、双绞线若干。

提示：路由器可以选用不同品牌的产品，但需要注意命令格式略有所不同。

2）Packet Tracer 环境配置：Cisco Packet Tracer 6.1。

7.3.5 实验原理

1. 路由器的工作模式

在连接并登录路由器后，进入可操作状态。路由器在可操作状态下有四种模式，分别为用户模式、特权模式、全局模式和接口模式。不同模式下，路由器允许执行的命令不同。各模式的关系如图 7-14 所示。

图 7-14 路由器各模式间的关系

（1）用户模式

用户模式是一种默认模式。路由器在初始配置后，开机启动进入用户模式。用户模式的提示符为">"，例如：

Router>

其中，Router 为路由器名，符号">"为用户模式的提示符。

用户模式用于监控网络，仅仅有权执行一些非破坏性的操作，如查看路由器的版本信息、测试路由器的连通性等。

（2）特权模式

特权模式又称为使能（enable）模式。在用户模式下，输入 enable 将进入特权模式。特权模式的标识符为"#"，例如：

```
Router> enable
Router #
```

在特权模式下能查看和管理路由器的配置文件，但是仍然不能进行配置操作。在特权模式下输入 wr 将保存配置信息，输入 exit 将退回到用户模式。

```
Router #wr
Building configuration…
[OK]
Router #
```

（3）全局模式

在特权模式下，输入 configure 将进入全局模式。全局模式的标识符为"(config)#"，例如：

```
Router #configure
Configuring from terminal, memory, or network [terminal]?
Enter configuration commands, one per line. End with CNTL/Z.
Router (config) #
```

在全局模式下可配置路由器的全局信息，如用户和访问密码等。在全局模式下，输入 exit 将退回到特权模式。

```
Router (config) #exit
Router #
%SYS-5-CONFIG_I: Configured from console by console
```

（4）接口模式

在全局模式下输入 interface 和接口号将进入对应接口的配置模式。接口模式的标识符为"(config-if)#"。在接口模式下可以对接口参数进行配置，如 IP 地址等。在接口模式下，输入 exit 将退回到全局模式。

2. Telnet 登录

路由器在初次使用时只能通过 Console 口登录，为了方便管理，开启 Telnet 的登录方式是十分必要的。开启 Telnet 后，在任一能与路由器网络连通的主机上都可以连接路由器进行配置管理。是否能顺利通过 Telnet 登录路由器有以下几个关键点：

- 能与路由器网络连通，即必须对路由器设置 IP 地址。
- 允许用户远程登录。
- 具有 secret 密码和 enable 密码。

7.3.6 实验步骤

本实验步骤分为两个部分，即分别在实物路由器和 Packet Tracer 环境下通过路由器的 Console 口对路由器进行基本配置，并配置 Telnet 登录服务功能。

在实物路由器及 Packet Tracer 环境下配置路由器步骤如下：

第一步：搭建实验环境。
- 构建网络拓扑结构。
- 配置主机的 IP 信息。

第二步：配置路由器。
- 配置路由器 IP。
- 连通性测试。
- 配置 Telnet 和帐户密码。
- Telnet 登录测试。

1. 在实物路由器上配置路由器

（1）构建网络拓扑结构

第一步：搭建实验环境。

实物路由器实验的网络拓扑如图 7-15 所示。注意用 Console 线连接路由器的 Console 口和主机的 COM 口，具体连接方式和初始配置详见第 1 章。其余设备的连接使用双绞线进行。在本实物实验中，路由器选用 RG-RSR20 SERIES，交换机选用 RG-S2928G-E。

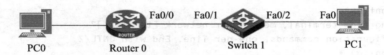

图 7-15　网络拓扑

实验中，各设备的 IP 地址如表 7-1 所示。其中，PC0 主机从 Console 口登录 Router0，所以无须配置 IP 地址、子网掩码和网关，PC1 通过交换机连接路由器的 LAN 口。

表 7-1　网络拓扑中各设备的 IP 地址

设备	接口	IP 地址	子网掩码	默认网关
PC0	RS 232	N/A	N/A	N/A
PC1	Fa0	192.168.1.2	255.255.225.0	192.168.1.1
Router 0	Fa0/0	192.168.1.1	255.255.225.0	N/A

（2）配置主机的 IP 信息

打开 PC1 主机的电源，进入 Windows Server 2008 R2。选择"开始"→"控制面板"选项，在控制面板中选择"查看网络状态和任务"选项。此时在"查看活动网络"栏下可以看到已经启用的网卡连接。单击连接名称进入状态页面，在"常规"栏下单击"属性"按钮，并找到"Internet 协议版本 4（TCP/IPv4）"选项，将更新出现三个按钮，单击"属性"按钮，配置 IP 地址和网关，如图 7-16 所示。

第二步：配置路由器。

（1）配置路由器 IP

在 PC0 系统中打开 SecureCRT，选择"快速连

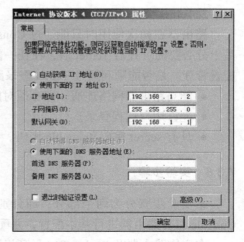

图 7-16　PC1 的 IP 配置界面

接选项",按照表 7-2 所示信息在项目中进行设置。详细方法参见第 1 章。

表 7-2 SecureCRT 快速连接选项

选项名称	选择情况	备注
Protocol	Serial	
Port	COM3	可根据实际情况选择其他接口号
Baud rate	9600	
Data bits	8	
Parity	None	
Stop bits	1	

单击"连接"按钮后,进入路由器的配置界面。输入如下命令,按表 7-1 所示的 IP 地址、子网掩码和网关对 Router0 的 Fa0/0 接口进行配置。

代码 7-1

```
Ruijie>enable                                                      //进入特权模式
Ruijie#configure terminal                                          //进入全局模式
Enter configuration commands, one per line.  End with CNTL/Z.
Ruijie(config)#interface fastEthernet 0/0                          //设置 0 号端口
Ruijie(config-if-FastEthernet 0/0)#ip address 192.168.1.1 255.255.255.0  //设置 IP 信息
Ruijie(config-if-FastEthernet 0/0)#end                             //返回特权模式
Ruijie#*Mar  5 14:55:18: %SYS-5-CONFIG_I: Configured from console by console

Ruijie#show interface fastEthernet 0/0                             //查看端口信息
show interface fastEthernet 0/0
Index(dec):1 (hex):1
FastEthernet 0/0 is UP  , line protocol is UP
Hardware is MPC8248 FCC FAST ETHERNET CONTROLLER FastEthernet, address is 1414.4b7d.
ccd3 (bia 1414.4b7d.ccd3)
Interface address is: 192.168.1.1/24
ARP type: ARPA,ARP Timeout: 3600 seconds
    MTU 1500 bytes, BW 100000 Kbit
    Encapsulation protocol is Ethernet-II, loopback not set
    Keepalive interval is 10 sec , set
    Carrier delay is 2 sec
    RXload is 1 ,Txload is 1
    Queueing strategy: FIFO
        Output queue 0/40, 0 drops;
        Input queue 0/75, 0 drops
Link Mode: 100M/Full-Duplex
5 minutes input rate 234 bits/sec, 0 packets/sec
5 minutes output rate 0 bits/sec, 0 packets/sec
        28 packets input, 5262 bytes, 0 no buffer, 0 dropped
        Received 28 broadcasts, 0 runts, 0 giants
        0 input errors, 0 CRC, 0 frame, 0 overrun, 0 abort
        2 packets output, 84 bytes, 0 underruns , 0 dropped
        0 output errors, 0 collisions, 2 interface resets
```

(2)路由器连通性测试

通过 PC1 主机测试其与 Router0 的连通情况。在 PC1 中选择"开始"→"所有程序"→"附件"→"命令提示符"命令,打开"命令提示符"窗口后输入"ping 192.168.1.1",若显示图 7-17 所示的信息,则表明 PC1 主机与 Router0 可以 ping 通。

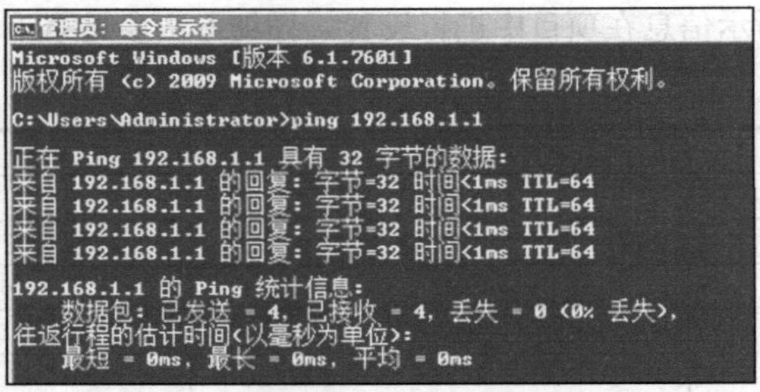

图 7-17 PC1 与 Router0 的连通情况

（3）配置 Telent 和账户密码

创建一个 admin 账户用于 Telnet 登录，在 PC0 的 SecureCRT 中执行如代码 7-2 所示的命令。

代码 7-2

```
Ruijie#
Ruijie#configure terminal
Enter configuration commands, one per line.  End with CNTL/Z.
Ruijie(config)#username admin password 456    //设置登录的用户名为admin，密码为456
Ruijie(config)#line vty 0 4                   //设置同时远程在线的虚拟终端数为5，即编号为0～4
Ruijie(config-line)#login
Login disabled on line 2, until 'password' is set.
Login disabled on line 3, until 'password' is set.
Login disabled on line 4, until 'password' is set.
Login disabled on line 5, until 'password' is set.
Login disabled on line 6, until 'password' is set.
Ruijie(config-line)#login local               //启用该验证方式
Ruijie(config-line)#end
Ruijie#*Mar  5 15:53:28: %SYS-5-CONFIG_I: Configured from console by console

Ruijie#configure terminal
Enter configuration commands, one per line.  End with CNTL/Z.
Ruijie(config)#enable password 123            //设置进入enable特权模式的密码为123
```

针对 Telnet 登录的其他设置，也可以在 Line 线路配置模式下进行，如配置登录超时时间等，命令如代码 7-3 所示。

代码 7-3

```
Ruijie(config)#line vty 0 4
Ruijie(config-line)#exec-timeout 5 0          //5分钟后无操作，则超时退出
Ruijie(config-line)#
```

（4）Telnet 登录测试

在 PC1 的命令提示符窗口中输入命令"telnet 192.168.1.1"，按提示输入用户名 admin 和登录密码 456，即可登录 Router0，如图 7-18 所示。在进入特权模式时需要输入密码 123。若 5 分钟内无操作，则超时退出。

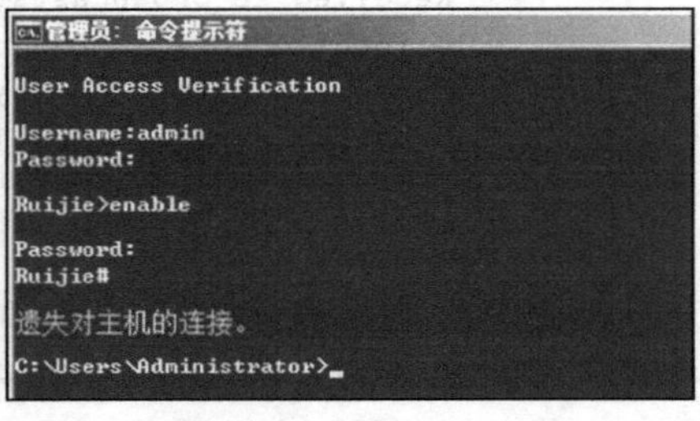

2. 在 Packet Tracer 环境下配置路由器

第一步：搭建实验环境。

图 7-18 Telnet 登录测试

（1）构建网络拓扑结构

打开 Cisco 模拟器，在左下角的设备框中选择添加 1 台 1841 路由器、1 台 2950-24 交换机和 2 台主机。路由器与主机 PC0 之间用配置线连接，其余设备之间用直通线连接，实验拓扑结构如图 7-15 所示。需要注意的是，配置线的一端连接路由器的 Console 口，另一端连接主机的 RS-232 口。

（2）配置主机的 IP 信息

单击 PC1 图标进入配置界面，单击"Desktop"选项卡中的"IP Configuration"按钮，进入图 7-19 所示的 PC1 的 IP 配置界面。

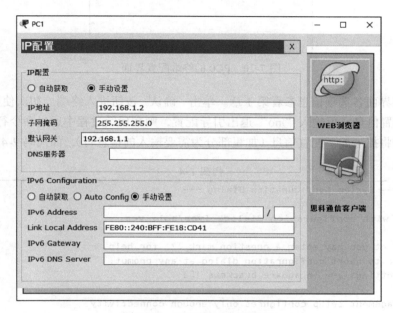

图 7-19　PC1 的 IP 配置界面

按照表 7-3，逐项配置 PC1 主机的 IP 地址、子网掩码和网关。PC0 主机通过 Console 口与路由器连接，无须配置 IP 地址、子网掩码和网关。

表 7-3　网络拓扑中各设备的 IP 地址

设备	接口	IP 地址	子网掩码	默认网关
PC0	RS-232	N/A	N/A	N/A
PC1	Fa0	192.168.1.2	255.255.225.0	192.168.1.1

第二步：配置路由器

（1）配置路由器 IP

PC0 主机通过配置线连接路由器 Fa0/0 接口为其配置 IP 信息，如表 7-4 所示。

表 7-4　网络拓扑中路由器的配置信息列表

设备	接口	IP 地址	子网掩码	默认网关
Router 0	Fa0/0	192.168.1.1	255.255.225.0	N/A

单击 PC0 图标进入配置界面，单击"Desktop"选项卡中的"终端"按钮，进入 7-20 所示的 PC0 的终端配置界面。

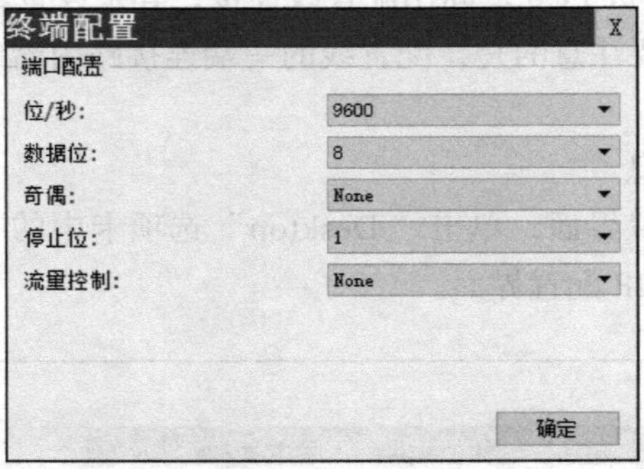

图 7-20 PC0 的终端配置界面

终端配置界面各选项信息参看第 1 章。单击"确认"按钮进入终端。初次使用路由器时，将出现提示配置信息。可输入"no"退出引导配置，则在后续过程中通过命令行配置。若输入"yes"，则将提示如下配置信息（加粗部分为需要输入的信息行），如代码 7-4 所示。

代码 7-4

```
         --- System Configuration Dialog ---

    Continue with configuration dialog? [yes/no]: yes

    At any point you may enter a question mark '?' for help.
    Use ctrl-c to abort configuration dialog at any prompt.
    Default settings are in square brackets '[]'.

    Basic management setup configures only enough connectivity
    for management of the system, extended setup will ask you
    to configure each interface on the system

    Would you like to enter basic management setup? [yes/no]: yes    //进入引导配置
    Configuring global parameters:

      Enter host name [Router]: Router                               //输入路由器名称

      The enable secret is a password used to protect access to
      privileged EXEC and configuration modes. This password, after
      entered, becomes encrypted in the configuration.
      Enter enable secret: 123                                       //输入 secret 密码

      The enable password is used when you do not specify an
      enable secret password, with some older software versions, and
      some boot images.
      Enter enable password: 456                                     //输入 enable 密码

      The virtual terminal password is used to protect
      access to the router over a network interface.
      Enter virtual terminal password: 789                           //输入 virtual terminal 密码
    Configure SNMP Network Management? [no]:no                       //暂不配置 SNMP
```

```
Current interface summary

Interface              IP-Address      OK? Method Status                Protocol
FastEthernet0/0        unassigned      YES manual administratively down down
FastEthernet0/1        unassigned      YES manual administratively down down
Vlan1                  unassigned      YES manual administratively down down

Enter interface name used to connect to the
management network from the above interface summary: FastEthernet0/0
```
//选择一个接口进行管理
```
Configuring interface FastEthernet0/0:
  Configure IP on this interface? [yes]: yes
    IP address for this interface: 192.168.1.1        //配置选中接口的IP地址
    Subnet mask for this interface [255.255.255.0] : 255.255.255.0
```
//配置选中接口的子网掩码
```
The following configuration command script was created:

!
hostname Router
enable secret 5 $1$mERr$3HhIgMGBA/9qNmgzccuxv0
enable password 456
line vty 0 4
password 789
!
interface Vlan1
    shutdown
    no ip address
!
interface FastEthernet0/0
    no shutdown
    ip address 192.168.1.1 255.255.255.0
!
interface FastEthernet0/1
    shutdown
 no ip address
!
end

[0] Go to the IOS command prompt without saving this config.
[1] Return back to the setup without saving this config.
[2] Save this configuration to nvram and exit.

Enter your selection [2]: 2               //确认上述配置信息,并保存退出
```

若未进行引导配置,则可通过命令行配置 Router0 的 IP 地址。命令如代码 7-5 所示(加粗部分为输入的配置命令)。

代码 7-5

```
//Router0 的配置命令
Router>enable                                          //进入特权模式
```

```
Router#configure terminal
Enter configuration commands, one per line.  End with CNTL/Z.
Router(config)#interface fastEthernet 0/0          // 设置 0 号端口和子网掩码
Router(config-if)#no shutdown                      // 开启端口
%LINK-5-CHANGED: Interface FastEthernet0/0, changed state to up

%LINEPROTO-5-UPDOWN: Line protocol on Interface FastEthernet0/0, changed state to up

Router(config-if)#ip address 192.168.1.1 255.255.255.0   // 设置 IP 地址和子网掩码
Router(config-if)#end                              // 返回特权模式
Router#
%SYS-5-CONFIG_I: Configured from console by console

Router#show interfaces fastEthernet 0/0            // 查看接口配置
FastEthernet0/0 is up, line protocol is up (connected)
  Hardware is Lance, address is 0090.0c0d.6701 (bia 0090.0c0d.6701)
  Internet address is 192.168.1.1/24               // 可以看到 IP 地址设置成功
  MTU 1500 bytes, BW 100000 Kbit, DLY 100 usec,
     reliability 255/255, txload 1/255, rxload 1/255
  Encapsulation ARPA, loopback not set
  ARP type: ARPA, ARP Timeout 04:00:00,
  Last input 00:00:08, output 00:00:05, output hang never
  Last clearing of "show interface" counters never
  Input queue: 0/75/0 (size/max/drops); Total output drops: 0
  Queueing strategy: fifo
  Output queue :0/40 (size/max)
  5 minute input rate 13 bits/sec, 0 packets/sec
  5 minute output rate 13 bits/sec, 0 packets/sec
     4 packets input, 512 bytes, 0 no buffer
     Received 0 broadcasts, 0 runts, 0 giants, 0 throttles
     0 input errors, 0 CRC, 0 frame, 0 overrun, 0 ignored, 0 abort
     0 input packets with dribble condition detected
     4 packets output, 512 bytes, 0 underruns
     0 output errors, 0 collisions, 1 interface resets
     0 babbles, 0 late collision, 0 deferred
     0 lost carrier, 0 no carrier
     0 output buffer failures, 0 output buffers swapped out
```

（2）连通性测试

通过 PC1 主机测试其与 Router0 的连通情况。单击 PC1 图标进入配置界面，单击"Desktop"选项卡中的"Command Prompt"按钮，在命令行中输入"ping 192.168.1.1"。若出现图 7-21 所示的信息，则表明 PC1 主机与 Router0 已经 ping 通。

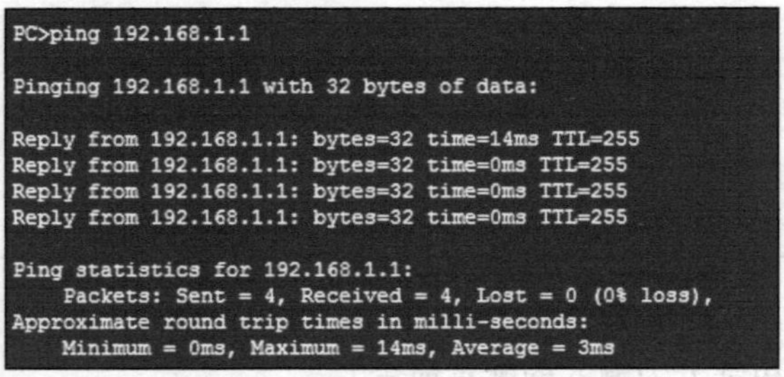

```
PC>ping 192.168.1.1

Pinging 192.168.1.1 with 32 bytes of data:

Reply from 192.168.1.1: bytes=32 time=14ms TTL=255
Reply from 192.168.1.1: bytes=32 time=0ms TTL=255
Reply from 192.168.1.1: bytes=32 time=0ms TTL=255
Reply from 192.168.1.1: bytes=32 time=0ms TTL=255

Ping statistics for 192.168.1.1:
    Packets: Sent = 4, Received = 4, Lost = 0 (0% loss),
Approximate round trip times in milli-seconds:
    Minimum = 0ms, Maximum = 14ms, Average = 3ms
```

图 7-21　PC1 与 Router0 可以 ping 通

（3）配置 telnet 和账户密码

用户需要创建一个 admin 账户用于 Telnet 登录，其特权级别为 0。Packet Tracer 中的路由器定义了 0～15 共 16 级特权级别，具体划分可查看官方说明。在 PC0 终端中执行如代码 7-6 所示。

代码 7-6

```
Router#configure terminal
Enter configuration commands, one per line.  End with CNTL/Z.
Router(config)#username admin secret 0 456      //创建用户admin，登录密码为456，特权级别为0
Router(config)#line vty 0 4                     //允许最多5个虚拟终端同时远程登录
Router(config-line)#transport input telnet      //使用Telnet登录
Router(config-line)#login local                 //使用本地认证
Router(config-line)#exec-timeout 5 0            //登录超时时间为5分钟
Router(config-line)#exit
Router(config)#enable password 123              //设置enable密码
Router(config)#
```

除了 Telnet 登录的基本设置外，还可以针对历史命令缓存大小等进行设置，如代码 7-7 所示。

代码 7-7

```
Router#configure terminal
Enter configuration commands, one per line.  End with CNTL/Z.
Router#terminal history size 20                 //设置历史缓存数为20行
```

（4）Telnet 登录测试

在 PC1 的 "Command Prompt" 命令行中输入 "Telnet 192.168.1.1"，按照提示输入用户名 admin，密码 456。在图 7-22 中可以看到 PC1 主机通过 Telnet 登录 Router0。在登录路由器后，进入特权模式需要输入密码 123。Telnet 登录以后，管理员可以对路由器进行配置，就好像通过 Console 口配置一样。

图 7-22 PC1 通过 Telnet 登录 Router0

7.3.7 实验总结

本实验的重点为路由器的基础配置，这是与路由器相关的其他实验的基础。在本实验中，应该特别注意路由器命令必须在相应的模式下才能进行，不能跨模式执行命令。

7.3.8 思考与进阶

思考：路由器 Telnet 方式登录和 Web 方式登录有什么区别？

进阶：当主机不处于路由器的局域网中时，尝试通过 Telent 登录管理。

7.4 NAT 地址转换

7.4.1 实验背景

NAT（Network Address Translation，网络地址转换）技术是在 1994 年提出的。使用 NAT 技术，可以使一个机构内的所有用户通过远少于用户数目的合法 IP 地址访问 Internet，从而节省 Internet 上的合法 IP 地址；可以隐藏专用网上主机的真实 IP 地址，从而提高内部网络（IPv4 网络）主机的安全性。

7.4.2 实验目标与应用场景

1. 实验目标

本实验采用 Cisco 模拟器 Cisco Packet Tracer 6.1 作为实验平台，在局域网的网关路由器上模拟配置 NAT 的过程。在实验过程中，需要掌握以下知识点：

1）NAT 的工作原理。

2）NAT 的三种配置方法。

2. 应用场景

基于 NAT 的地址转换功能，各厂商相继推出了 Internet 连接共享服务的产品，如 Microsoft Windows 自带的 ICS、Windows Server 系列的组件 RRAS、Microsoft 企业级 NAT 防火墙 ISA 2000、知名软件 SyGate、号称"软网关"的 Winroute 等。除了解决 IP 地址数量问题，端口复用的 NAT 地址转换方式还可以应用在服务器间的负载均衡等方面。

另外，为了获取更多资源、不受内网隐藏 IP 的限制，NAT 穿透软件又大量被开发。它们主要利用 STUN 协议和 TURN 协议修改应用层中的私有地址以实现打洞技术。

7.4.3 实验准备

实验通过在模拟器 Packet Tracer 中搭建不同的网络，通过 NAT 的转换实现内网主机和外网主机的通信。实验前需要了解下面相关知识：

1）NAT 的原理。

2）如何通过内网的 IP 地址和外网的主机通信。

3）Packet Tracer 的使用方法。

4）三种不同的 NAT 配置方法。

5）路由器的配置命令。

7.4.4 实验平台与工具

1. 实验平台

Windows Server 2008 R2 SP1（任何平台均可完成）

2. 实验工具

Cisco Packet Tracer 6.1

7.4.5 实验原理

1. 基本概念

随着接入 Internet 的计算机的数量不断猛增，IP 地址资源，特别是 IPv4 的地址越来越紧张。大型局域网用户申请的 IP 地址无法满足网络用户的需求，为此 NAT 应运而生，RFC 2663 是一种在 IP 封包通过路由器或防火墙时重写源 IP 地址或目的 IP 地址的技术。NAT 的实现方式有三种，即静态转换（static nat）、动态转换（dynamic nat）和端口多路复用（Port Address Translation，PAT）。借助于 NAT，内部私有 IP 地址被转换成广域网 IP 地址与外围的 Internet 主机通信。这种通过使用少量的公有 IP 地址代表较多的私有 IP 地址的方式，将有助于减缓 IP 地址空间的枯竭。

IANA-Reserved IPv4 Prefix[①] 即 IANA 保留地址，国际互联网代理成员管理局（IANA）在 IP 地址范围内，将一部分地址保留作为私人 IP 地址空间或者专门用于内部局域网等特殊用途使用的地址。保留地址主要包含以下四类。

- A 类：10.0.0.0 ～ 10.255.255.255。
- A 类：100.64.0.0 ～ 100.127.255.255。
- B 类：172.16.0.0 ～ 172.31.255.255。
- C 类：192.168.0.0 ～ 192.168.255.255。

在 NAT 的配置中，有四个术语必须正确理解，它们是 Inside、Outside、Local、Global。

- Inside 是指内部网络，这些网络通常使用保留地址，这些地址不能直接在 Internet 上路由，从而也就不能直接用于对 Internet 的访问，必须通过 NAT，以合法 IP 身份来访问 Internet。前者是 Inside Local 地址，转换后是 Inside Global 地址。
- Outside 是指除了我们考察的内部网络之外的所有网络，主要是指 Internet。
- Local 是指不能在 Internet 上面通信的地址。
- Global 是指能在 Internet 上通信的地址。

2. NAT 配置常用命令

实验过程中需要使用的 NAT 配置命令如表 7-5 所示。

表 7-5 NAT 配置命令

命令	说明
ip nat inside	定义接口为 NAT 内部接口
in nat outside	定义接口为 NAT 外部接口
ip nat inside source static local-ip global-ip	定义静态源地址转换
debug ip nat	打开对 NAT 的监测
show ip nat statistic	查看 NAT 统计信息
show ip nat translations	查看 NAT 地址转换
ip nat pool name start-ip end-ip {netmask netmask | prefix-length prefix-length}	定义 NAT 地址池
ip nat inside source list access-list-number pool name	定义 NAT 动态转换

7.4.6 实验步骤

本实验通过在 Packet Tracer 中模拟配置 NAT 三种不同的方式，让学生了解 NAT 的工作原理。实验步骤如下。

第一步：搭建实验环境。

第二步：配置 NAT。

- 配置静态 NAT。
- 配置动态 NAT。
- 配置 PAT。

1. 搭建实验环境

打开 Packet Tracer，在左下角的设备框中选择添加 2 台 Router-PT 路由器和 1 台 2960-

[①] 关于 IANA 保留地址的详细信息请参考 RFC 6598。

24TT 交换机、3 台主机，路由器与路由器之间用 DEC 串口线连接，主机和交换机、交换机和路由器之间采用直通线连接，PC2 和 Router1 之间采用交叉线连接。实验拓扑结构如图 7-23 所示。

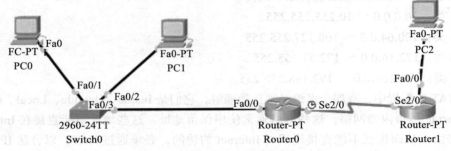

图 7-23 实验拓扑结构

在拓扑结构图中单击 PC0 图标进入配置界面，单击"Desktop"选项卡中的"IP Configuration"按钮，即可对 PC0 主机进行 IP 配置。各设备的 IP 信息配置如表 7-6 所示。

表 7-6 各设备的 IP 配置信息

设备	接口	IP 地址	子网掩码	默认网关
PC0	Fa0/0	192.168.1.2	255.255.255.0	192.168.1.1
PC1	Fa0/0	192.168.1.3	255.255.255.0	192.168.1.1
PC2	Fa0/0	211.211.211.2	255.255.255.0	211.211.211.1
Router 0	Fa0/0	192.168.1.1	255.255.255.0	N/A
	Se2/0	200.1.1.1	255.255.255.0	N/A
Router 1	Fa0/0	211.211.211.1	255.255.255.0	N/A
	Se2/0	200.1.1.2	255.255.255.0	N/A

提示：路由器的串口需要设置 Clock Rate 为 64000，配置 Router 0 的 Se2/0 串口的方法如图 7-24 所示。

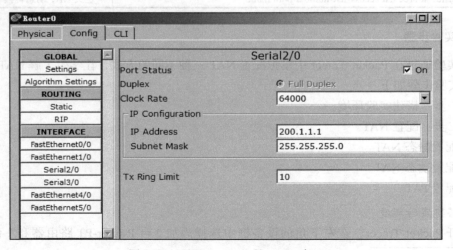

图 7-24 配置 Router 0 的 Se2/0 串口

广域网路由器之间要使用串行口（在连接设备时，如果发现所选的路由器没有串行口，则需要给路由器添加 NM-4A/S 模块）和 DTE 线进行连接。不必严格按照图 7-23 中所连接的接口进行连接，但是必须清楚各设备之间连接所对应的端口号，在后面的设置中需要对对应的接口号进行更改。

想一想　这里配置的 Clock Rate 的作用是什么？

2. 配置 NAT

（1）配置静态 NAT

单击路由器 Router 0 图标进入配置界面，选择 CLI 面板，然后进入全局模式，进行静态 NAT 的配置。Router0 的配置命令如代码 7-8 所示。

代码 7-8

```
Router>enable
Router#conft
Router(config)#ip route 0.0.0.0 0.0.0.0 200.1.1.2
Router(config)#interface f0/0
// 将 f0/0 设置为 NAT 内部接口
Router(config-if)#ip nat inside
Router(config-if)#exit
Router(config)#interface s2/0
Router(config-if)#ip nat outside
Router(config-if)#exit
// 设置 s2/0 串口为 NAT 外部接口
Router(config)#ip nat inside source static 192.168.1.2 200.1.1.3
// 静态 NAT 将私有地址 192.168.1.2 的私有 IP 地址转换为公网 IP 地址 200.1.1.3
Router(config)#ip nat inside source static 192.168.1.3 200.1.1.4
Router(config)#exit
```

配置完成以后，打开 PC0 的命令行窗口，使用 ping 命令来检查其与 211.211.211.2 地址的连通性，结果如图 7-25 所示。

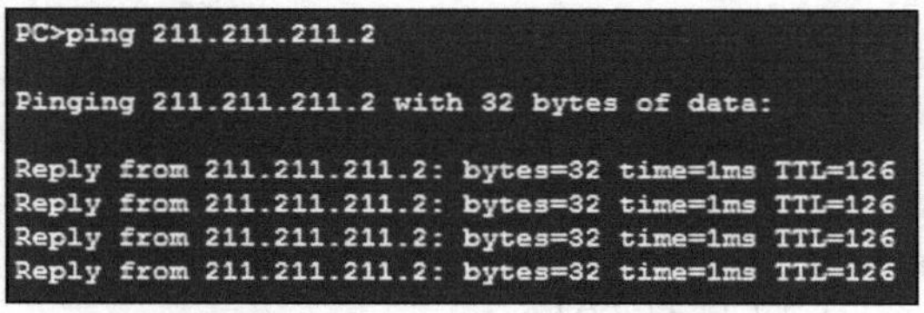

```
PC>ping 211.211.211.2

Pinging 211.211.211.2 with 32 bytes of data:

Reply from 211.211.211.2: bytes=32 time=1ms TTL=126
Reply from 211.211.211.2: bytes=32 time=1ms TTL=126
Reply from 211.211.211.2: bytes=32 time=1ms TTL=126
Reply from 211.211.211.2: bytes=32 time=1ms TTL=126
```

图 7-25　静态 NAT 的测试结果

单击路由器 Router 0 图标进入配置界面，选择 CLI 面板，然后进入全局模式，查看 Router 0 的 NAT 转换表项，如代码 7-9 所示。

代码 7-9

```
Router>sh ip na translations
Pro  Inside global     Inside local       Outside local        Outside global
icmp 200.1.1.3:33      192.168.1.2:33     211.211.211.2:33     211.211.211.2:33
icmp 200.1.1.3:34      192.168.1.2:34     211.211.211.2:34     211.211.211.2:34
icmp 200.1.1.3:35      192.168.1.2:35     211.211.211.2:35     211.211.211.2:35
icmp 200.1.1.3:36      192.168.1.2:36     211.211.211.2:36     211.211.211.2:36
---  200.1.1.3         192.168.1.2        ---                  ---
---  200.1.1.4         192.168.1.3        ---                  ---
```

从代码 7-8 的显示结果中可以看出，主机 192.168.1.2 使用分配的公网地址 200.1.1.3 成功和 211.211.211.2 这台主机进行了通信，静态 NAT 配置成功（注：ping 命令底层使用了 ICMP）。

（2）配置动态 NAT

单击路由器 Router 0 图标进入配置界面，选择 CLI 面板，然后进入全局模式，进行动态 NAT 的配置。Router0 的配置命令如代码 7-10 所示。

代码 7-10

```
Router(config)#no ip nat inside source static 192.168.1.2 200.1.1.3
Router(config)#no ip nat inside source static 192.168.1.3 200.1.1.4
// 清除静态 NAT 配置的信息
Router(config)#access-list 1 permit 192.168.1.0 0.0.0.255
// 使用 ACL 将私有网段 192.168.1.0 中需要转换的地址找出来
Router(config)#ip nat pool scu 200.1.1.1 200.1.1.1 netmask 255.255.255.0
Router(config)#ip nat inside source list 1 pool scu
// 建立一个名为 scu 的公有地址池，放一个或多个公有 IP 供私有 IP 转换，将通过 ACL 找出来的私有
// 地址转换成地址池中的公有地址
```

配置完成以后，打开 PC0 的命令行窗口，使用 ping 命令来检查其与 211.211.211.2 地址的连通性，同时在 PC1 中使用命令 "ping 211.211.211.2"，结果如图 7-26 和图 7-27 所示。

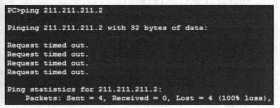

图 7-26 PC0 测试结果   图 7-27 PC1 测试结果

 在上述实验中，为什么 PC1 不能 ping 通 211.211.211.2 主机？

（3）配置 PAT

在配置动态 NAT 的基础上继续进行 PAT 的配置。单击路由器 Router 0 图标，进入配置界面，选择 CLI 面板，然后进入全局模式，进行 PAT 的配置。Router0 的配置命令如代码 7-11 所示。

代码 7-11

```
Router(config)#no ip nat inside source list 1
// 通过 no 命令删除原来的动态 NAT 配置
Router(config)#ip nat inside source list 1 pool scu overload
// 使用之前的公有 IP 池 SCU 来完成端口多路复用
```

配置完成以后，打开 PC0 的命令行窗口，使用 ping 命令来检查其与 211.211.211.2

地址的连通性，同时在 PC1 中使用命令"ping 211.211.211.2"，结果如图 7-28 和图 7-29 所示。

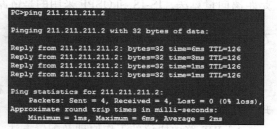

图 7-28　PC0 ping 程序结果　　　　　　图 7-29　PC1 ping 程序结果

 上述操作中，PC0 和 PC1 使用的 Inside Global 地址是多少？

代码 7-12

```
Router#sh ip nat tr
Pro  Inside global      Inside local      Outside local      Outside global
icmp 200.1.1.1:1024    192.168.1.3:45    211.211.211.2:45    211.211.211.2:1024
icmp 200.1.1.1:1025    192.168.1.3:46    211.211.211.2:46    211.211.211.2:1025
icmp 200.1.1.1:43      192.168.1.3:43    211.211.211.2:43    211.211.211.2:43
icmp 200.1.1.1:44      192.168.1.3:44    211.211.211.2:44    211.211.211.2:44
icmp 200.1.1.1:45      192.168.1.2:45    211.211.211.2:45    211.211.211.2:45
icmp 200.1.1.1:46      192.168.1.2:46    211.211.211.2:46    211.211.211.2:46
icmp 200.1.1.1:47      192.168.1.2:47    211.211.211.2:47    211.211.211.2:47
icmp 200.1.1.1:48      192.168.1.2:48    211.211.211.2:48    211.211.211.2:48
```

7.4.7　实验总结

本实验重点在于理解 NAT 的三种实现方式。实际上，NAT 的配置是支持多种实现方式混合配置的，在实际的应用场景中，大部分采用多种实现方式混合配置。

7.4.8　思考与进阶

思考：使用 Packet Tracer 的"实时／模拟"功能，在 Router0 的内网口和外网口分别查看数据包的变换情况，了解 NAT 变换前后数据包的情况。

进阶：在 NAT 的配置中加入访问控制规则的设置，以限制对内网某主机某端口的访问。

7.5　RIP、OSPF 路由协议分析

7.5.1　实验背景

随着计算机网络规模的不断扩大、大型互联网络的迅猛发展，路由技术在网络技术中已逐渐成为关键部分，路由器也随之成为最重要的网络设备。路由器的选路工作是靠路由协议来完成的。路由协议可分为两类：自治系统（Autonomous System，AS）内的路由协议称为

内部网关协议，AS 之间的路由协议称为外部网关协议。现在网络中正在使用的内部网关协议有以下几种：RIP-1、RIP-2、IGRP、EIGRP、IS-IS 和 OSPF。其中前四种路由协议采用的是距离向量算法，IS-IS 和 OSPF 采用的是链路状态算法。

7.5.2 实验目标与应用场景

1. 实验目标

本实验通过在 Packet Tracer 中配置 RIP 和 OSPF 路由协议，掌握 RIP、OSPF 的工作原理。在实验过程中，需要掌握以下知识点：

1）RIP 路由协议的工作原理及配置方法。

2）OSPF 路由协议的工作原理及配置方法。

2. 应用场景

对于小型网络，采用 RIP 等基于距离向量算法的路由协议易于配置和管理，且应用较为广泛，但在面对大型网络时，RIP 路由协议固有的环路问题变得更难解决，所占用的带宽也迅速增长，从而导致网络无法承受，这使 OSPF 路由协议应用越来越广泛。

7.5.3 实验准备

实验使用 Packet Tracer 模拟器，模拟在路由器中进行 RIP 和 OSPF 的路由配置。实验前需要了解下面相关知识：

1）链路状态算法和距离向量算法。

2）Packet Tracer 模拟器的使用。

3）路由器的各种操作模式。

7.5.4 实验平台与工具

1. 实验平台

Windows Server 2008 R2 SP1（任何平台均可以完成）

2. 实验工具

Cisco Packet Tracer 6.1

7.5.5 实验原理

1. RIP 路由协议简介

RIP（Routing Information Protocol，路由信息协议）是应用较早、使用较普遍的 IGP（Interior Gateway Protocol，内部网关协议），适用于小型同类网络，是典型的距离矢量（distance-vector）协议。RIP 以跳数（hop）为路径开销，其中最大跳数为 15。RIP 在构造路由表时会使用到三种计时器：更新计时器、无效计时器、刷新计时器。它让每台路由器周期性地向每个相邻的节点发送完整的路由表。路由表包括每个网络或子网的信息，以及与之相关的度量值。

2. OSPF 路由协议简介

OSPF 路由协议是一种典型的链路状态（link-state）的路由协议，一般用于同一个路由域内。在这里，路由域是指一个 AS，它是指一组通过统一的路由政策或路由协议互相交换路由信息的网络。在 AS 中，所有的 OSPF 路由器都维护一个相同的描述这个 AS 结构的数据库，该数据库中存放的是路由域中相应链路的状态信息，OSPF 路由器正是通过这个数据库计算出其 OSPF 路由表的。作为一种链路状态的路由协议，OSPF 将链路状态广播（Link State Advertisement，LSA）数据包传送给某一区域内的所有路由器，这一点与距离矢量路由协议不同。运行距离矢量路由协议的路由器是将部分或全部的路由表传递给与其相邻的路由器。

7.5.6 实验步骤

本实验主要分为两个任务，即 RIP 路由协议的配置和 OSPF 路由协议的配置。实验步骤如下。

第一步：配置 RIP 路由协议。
- 构建网络拓扑结构。
- 配置主机的 IP 地址和网关。
- 配置路由器的端口。
- 配置动态路由 RIP。

第二步：配置 OSPF 路由协议。
- 构建网络拓扑结构。
- 配置主机的 IP 地址和网关。
- 配置路由器的端口。
- 配置动态路由 OSPF。

1. 配置 RIP 路由协议

（1）构建网络拓扑结构

打开 Cisco 模拟器，在左下角的设备框中选择添加 3 台 1841 路由器、2 台 2950-24 交换机、3 台主机，路由器与路由器之间用交叉线连接，其他设备之间用直通线连接。实验拓扑结构如图 7-30 所示。

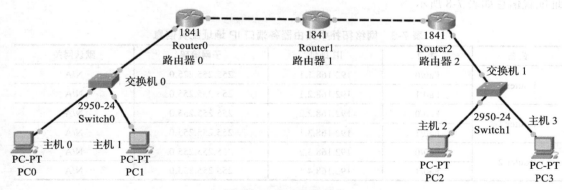

图 7-30 实验拓扑结构

（2）配置主机的 IP 地址和网关

在拓扑结构图中单击 PC1 图标进入配置界面，单击"Desktop"选项卡的"IP Configuration"

按钮，进入图 7-31 所示的 PC1 的 IP 配置界面。

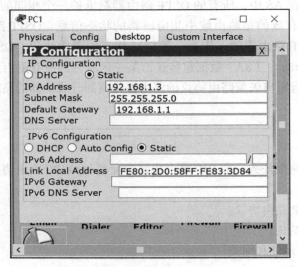

图 7-31 PC1 的 IP 配置页面

按照表 7-7，逐项配置各主机的 IP 地址、子网掩码和网关。

表 7-7 网络拓扑中各设备的 IP 地址

设备	端口	IP 地址	子网掩码	默认网关
PC0	Fa0	192.168.1.2	255.255.225.0	192.168.1.1
PC1	Fa0	192.168.1.3	255.255.225.0	192.168.1.1
PC2	Fa0	192.168.4.2	255.255.255.0	192.168.4.1
PC3	Fa0	192.168.4.3	255.255.255.0	192.168.4.1

（3）配置路由器的端口

接下来需要配置路由器各端口的 IP 地址，Router 0、Router 1 和 Router 2 的各端口 IP 地址配置信息如表 7-8 所示。

表 7-8 网络拓扑中路由器各端口 IP 地址配置信息

设备	端口	IP 地址	子网掩码	默认网关
Router 0	Fa0/0	192.168.1.1	255.255.225.0	N/A
	Fa0/1	192.168.2.1	255.255.255.0	N/A
Router 1	Fa0/0	192.168.2.2	255.255.255.0	N/A
	Fa0/1	192.168.3.1	255.255.255.0	N/A
Router 2	Fa0/0	192.168.3.2	255.255.255.0	N/A
	Fa0/1	192.168.4.1	255.255.255.0	N/A

单击路由器 Router 0 图标进入配置界面，选择 CLI 面板。然后进入全局模式，为路由器的每个端口配置 IP 地址。

Router0 的配置命令如代码 7-13 所示（加粗部分为输入的配置命令）。

代码 7-13

```
//Router0 的配置命令
Router>enable                                               // 进入特权模式
Router#configure terminal
Enter configuration commands, one per line. End with CNTL/Z.
// 设置 0 号端口
Router(config)#interface FastEthernet0/0
Router(config-if)#no shutdown                               // 开启端口
Router(config-if)#
%LINK-5-CHANGED: Interface FastEthernet0/0, changed state to up
%LINEPROTO-5-UPDOWN: Line protocol on Interface FastEthernet0/0, changed state to up
Router(config-if)#ip address 192.168.1.1 255.255.255.0      // 设置 IP 地址
Router(config-if)#exit
// 设置 1 号端口
Router(config)#interface FastEthernet0/1
Router(config-if)#no shutdown
Router(config-if)#
%LINK-5-CHANGED: Interface FastEthernet0/1, changed state to up
%LINEPROTO-5-UPDOWN: Line protocol on Interface FastEthernet0/1, changed state to up
Router(config-if)#ip address 192.168.2.1 255.255.255.0
Router(config-if)#exit
```

Router1 的配置命令如代码 7-14 所示。

代码 7-14

```
//Router1 的配置命令
Router>enable
Router#configure terminal
Enter configuration commands, one per line. End with CNTL/Z.
// 设置 0 号端口
Router(config)#interface FastEthernet0/0
Router(config-if)#no shutdown
Router(config-if)#ip address 192.168.2.2 255.255.255.0
Router(config-if)#exit
// 设置 1 号端口
Router(config)#interface FastEthernet0/1
Router(config-if)#no shutdown
Router(config-if)#ip address 192.168.3.1 255.255.255.0
Router(config-if)#exit
```

Router2 的配置命令如代码 7-15 所示。

代码 7-15

```
// Router2 的配置命令
Router>enable
Router#configure terminal
Enter configuration commands, one per line. End with CNTL/Z.
// 设置 0 号端口
Router(config)#interface FastEthernet0/0
Router(config-if)#no shutdown
Router(config-if)#ip address 192.168.3.2 255.255.255.0
Router(config-if)#exit

// 设置 1 号端口
```

```
Router(config)#interface FastEthernet0/1
Router(config-if)#no shutdown
Router(config-if)#ip address 192.168.4.1 255.255.255.0
Router(config-if)#exit
```

路由器各端口配置完成以后，各连接线显示绿灯表示所连端口已连通，单击 PC0 主机图标，在打开的窗口单击"Desktop"选项卡中的"Command Prompt"按钮，在命令行中完成 PC0 对 PC1 的连通测试及 PC0 对 PC2 的连通测试。连通测试结果如图 7-32 所示，可见 PC0 对 PC1 是能 ping 通的，但是 PC0 对 PC2 不能 ping 通，这是因为还没有进行动态路由 RIP 的配置。

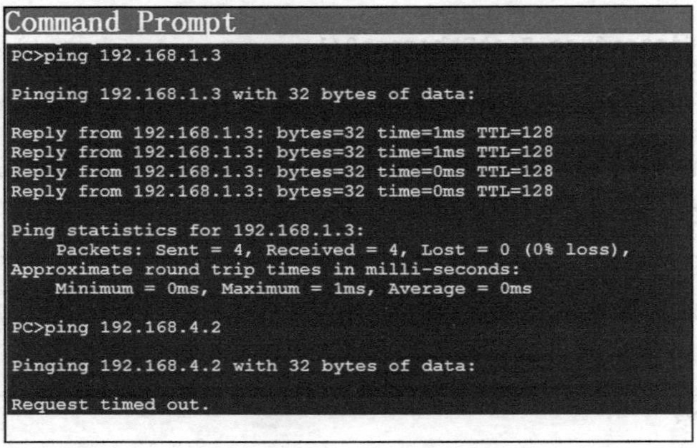

```
Command Prompt
PC>ping 192.168.1.3

Pinging 192.168.1.3 with 32 bytes of data:

Reply from 192.168.1.3: bytes=32 time=1ms TTL=128
Reply from 192.168.1.3: bytes=32 time=1ms TTL=128
Reply from 192.168.1.3: bytes=32 time=0ms TTL=128
Reply from 192.168.1.3: bytes=32 time=0ms TTL=128

Ping statistics for 192.168.1.3:
    Packets: Sent = 4, Received = 4, Lost = 0 (0% loss),
Approximate round trip times in milli-seconds:
    Minimum = 0ms, Maximum = 1ms, Average = 0ms

PC>ping 192.168.4.2

Pinging 192.168.4.2 with 32 bytes of data:

Request timed out.
```

图 7-32 连通性测试结果

提示：如果路由器之间的连接线显示红灯，则需要判断设备是否开机。

（4）配置动态路由 RIP

Router0 的配置命令如代码 7-16 所示：

代码 7-16

```
// Router0 的配置命令
Router>enable
Router#configure terminal
Enter configuration commands, one per line. End with CNTL/Z.
// 配置动态路由 RIP
Router(config)#router rip
Router(config-router)#network 192.168.1.0
Router(config-router)#network 192.168.2.0
Router(config-router)#exit
```

Router1 的配置命令如代码 7-17 所示。

代码 7-17

```
// Router1 的配置命令
Router>enable
Router#configure terminal
Enter configuration commands, one per line. End with CNTL/Z.
// 配置动态路由 RIP
```

```
Router(config)#router rip
Router(config-router)#network 192.168.2.0
Router(config-router)#network 192.168.3.0
Router(config-router)#exit
```

Router2 的配置命令如代码 7-18 所示。

代码 7-18

```
// Router2 的配置命令
Router>enable
Router#configure terminal
Enter configuration commands, one per line. End with CNTL/Z.
// 配置动态路由 RIP
Router(config)#router rip
Router(config-router)#network 192.168.3.0
Router(config-router)#network 192.168.4.0
Router(config-router)#exit
```

路由器各端口配置完成以后，各连接线显示绿灯表示所连端口已连通，单击 PC0 主机图标，在打开的窗口中单击 "Desktop" 选项卡中的 "Command Prompt" 按钮，在命令行中完成 PC0 对 PC2 的连通测试及 PC0 对 PC3 的连通测试。连通测试结果如图 7-33 所示，因为进行了 RIP 的路由配置，所示不同网络的主机能够通过路由器连通。

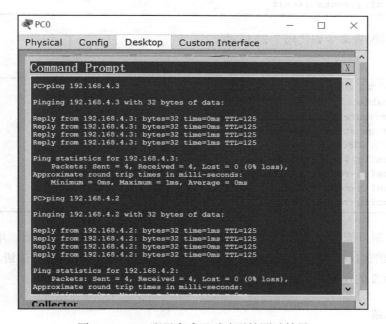

图 7-33 RIP 配置完成以后连通性测试结果

2. 配置 OSPF 路由协议

OSPF 配置过程的前三步和 RIP 的配置相同，这里不再赘述，下面主要介绍配置动态路由 OSPF 的方法。

Router0 的配置命令如代码 7-19 所示。

代码 7-19

```
// Router0 的配置命令
Router>enable
Router#configure terminal
Enter configuration commands, one per line. End with CNTL/Z.
// 配置动态路由 OSPF
Router(config)#router ospf 1
Router(config-router)#network 192.168.1.0 255.255.255.0 area 0
// 表示发布动态路由 ospf，进程为 1，区域为 0，网段是 192.168.1.0/24
Router(config-router)#network 192.168.2.0 255.255.255.0 area 0
Router(config-router)#exit
```

Router1 的配置命令如代码 7-20 所示。

代码 7-20

```
// Router1 的配置命令
Router>enable
Router#configure terminal
Enter configuration commands, one per line. End with CNTL/Z.
// 配置动态路由 OSPF
Router(config)#router ospf 1
Router(config-router)#network 192.168.2.0 255.255.255.0 area 0
// 表示发布动态路由 ospf，进程为 1，区域为 0，网段是 192.168.2.0/24
Router(config-router)#network 192.168.3.0 255.255.255.0 area 0
Router(config-router)#exit
```

Router2 的配置命令如代码 7-21 所示。

代码 7-21

```
// Router2 的配置命令
Router>enable
Router#configure terminal
Enter configuration commands, one per line. End with CNTL/Z.
// 配置动态路由 OSPF
Router(config)#router ospf 1
Router(config-router)#network 192.168.3.0 255.255.255.0 area 0
Router(config-router)#network 192.168.4.0 255.255.255.0 area 0
Router(config-router)#exit
```

路由器各端口配置完成以后，各连接线显示绿灯表示所连端口已连通，单击 PC0 主机图标，在打开的窗口中单击"Desktop"选项卡中的"Command Prompt"按钮，在命令行中完成 PC0 对 PC2 的连通测试及 PC0 对 PC3 的连通测试。

7.5.7 实验总结

本实验操作部分较为复杂，学生在使用命令行进行各项操作的时候，可能会有所不适应，在使用命令行的时候，尤其需要注意区分不同的路由器及路由器不同的操作模式。另外，要仔细配置各设备或端口的 IP 地址和网关。

熟悉路由器不同的操作模式，回顾网络拓扑的子网划分，通过配置 RIP 和 OSPF 两种动态路由协议，体会路由器在不同网络连接中的作用。

7.5.8 思考与进阶

思考：在实验过程中，配置好动态路由协议后，第一次执行 ping 命令，会出现丢包和超时的情况，再次执行 ping 命令，这种情况没有再次出现，你认为哪些原因会引起这一现象。

进阶：在实验过程中通过 Packet Tracer 的"实时/模拟"功能，查看 RIP 报文和 OSPF 报文的结构，分析协议的工作过程。

7.6 点对点 IPSec VPN 实验

7.6.1 实验背景

VPN（Virtual Private Network，虚拟专用网）建立的最初目的是构建一个安全的网络。设想一个在地理位置上分散分布的组织，在默认情况下是通过公网 Internet 通信的，要在这个基础上保证安全，完全部署一个物理上隔绝的网络显然不可能。这种情况下，虚拟专用网技术应运而生。所谓虚拟，是指这个安全网络的实现并非部署了一个物理上完全隔绝的网络，各节点之间实际上仍通过公网来进行通信；所谓专用，是指外部流量无法访问这个专用网络，从而达到安全的目的。

7.6.2 实验目标与应用场景

1. 实验目标

实验采用 Cisco 模拟器 Cisco Packet Tracer 6.1 作为实验平台，完成基本的点对点的 IPSec VPN 的部署过程。实验过程中，需要掌握以下知识点：

1）IPSec 协议的工作过程。
2）IPSec 与 IKE、VPN、DES、ACL 之间的关系。

2. 应用场景

当需要访问被防火墙限制访问的 IP 地址时，可以使用 VPN 隧道绕过防火墙。实现步骤简单来说就是在防火墙前设置路由表和 VPN 服务。路由表用于判断数据包是否进入 VPN 隧道。如果目的地址为防火墙限制访问的 IP 地址，则该数据包进入 VPN 隧道，即将原数据包加密并添加 IPSec 协议的新 IP 头部；否则，数据包不进入 VPN 隧道，并按照路由转发。此时，防火墙对新 IP 头部的数据包不再拦截。通过防火墙后，根据密钥恢复原数据包即可保证其顺利到达目的地址了。

7.6.3 实验准备

实验使用 Packet Tracer 模拟器，模拟 IPSec VPN 的配置。实验前需要了解下面相关知识：

1）IPSec 的基本工作原理及 ACL 的基本概念。
2）Packet Tracer 模拟器的使用方法。
3）路由器配置命令。

7.6.4 实验平台与工具

1. 实验平台

Windows Server 2008 R2 SP1（任何平台均可以完成）

2. 实验工具

Cisco Packet Tracer 6.1

7.6.5 实验原理

1. 基本概念

在了解 IPsec 协议之前，首先来考虑一个典型的 IP 报文，如图 7-34 所示。

这个 IP 报文本身是没有考虑任何安全性能的，也就是说，数据的载荷对任何人都是公开的。如果不希望里面的数据载荷被监听，则一种可能最先想到的方法就是对数据载荷进行加密。如果是这样，那么就会得到如图 7-35 所示的报文。

图 7-34　典型 IP 报文　　　　　　　图 7-35　加密数据的报文

如果还想更安全一些，连发送报文中的源 IP 和目的 IP 都希望保护的话，那么可以将 IP 头和数据载荷一起加密，如图 7-36 所示。

在现实情况中，还可能有一种攻击方式：攻击者可能无法破译报文内容，但是可以篡改这份加密的报文，然后让接收者得到错误的信息。为了防止这种情况发生，需要使用一种数字签名的技术。这种技术可以对数据进行特定的算法处理，得到一个"签名"（本质上是一串二进制数据），如果数据被篡改了，则得到的签名也会不一样。基于这样的思想，就可以防止篡改攻击了。实现这种功能的算法一般被称为"摘要算法"或"签名算法"。使用签名算法后便可得到如图 7-37 所示的报文。

图 7-36　加密数据和 IP 头的报文　　　　图 7-37　支持认证的报文

但是现在再来观察这个数据报，可以发现，这个数据报连基本的 IP 头都不再存在，这样的数据报没有任何一个路由器能认出来——为了实现安全，基本的传输信息的功能都被破坏了。

考虑一下现在的问题，既然没了 IP 头，可以再给它加上一个，不过肯定不能加上原来的 IP 头。一个非常好的做法是用需要连通的两个内网的网关路由器出口 IP 代替源 IP 和目的 IP，两边各一个，作为 IP 头，如图 7-38 所示。

以上就是 IPSec 协议工作的基本原理，当然为了便于理解，这里省去了一些细节，图 7-38 给出的最终的加密报文和实际 IPSec 协议封装后的报文并不完全相同，实际 IPSec 报文一般更加复杂。根据是否需要提供机密性和是

| 新IP头 | 加密报文（包括IP头） | 签名 |

图 7-38　最终的加密报文

否需要加密源 IP 的不同，IPSec 报文本身的类型也不是唯一的[○]，但其基本思想和上文所展示的逻辑是一致的。

2. 配置过程

为了搭建 VPN，两端需要支持 IPSec 协议的网关路由器。为了使 IPSec 协议生效，至少需要一种加密算法（包括对应的加密密钥）、一种签名算法（包括对应的鉴别密钥）、指定对端内网路由器 IP 等。IPSec 协议使用 IKE 协议来自动化地完成这些任务。接下来，还需要告知路由器需要对哪些 IP 包进行加密处理，即定义 IPSec 处理的 IP 地址池。IPSec 配置包括以下基本步骤。

- IKE1 阶段：这个阶段存在的主要目的是为真正通信所用到的加密、签名算法及其密钥的协商构造一个预安全通道，主要包括身份认证、密钥算法[○]、协商预安全通道的加密、签名算法等。
- IKE2 阶段：定义封装 IPSec 数据报所用到的算法、密钥，将其封装在一种称为 transform set 的数据结构中；然后将 transform set 和对端 IP、感兴趣流量等信息一起封装在称为 crypto map 的数据结构中。
- 将 crypto map 应用于发送方接口。

7.6.6 实验步骤

实验利用 Packet Tracer 搭建网络环境，通过配置 VPN 实现主机之间的加密通信。实验步骤如下。

第一步：搭建网络拓扑结构。

第二步：配置路由。

第三步：配置 VPN。

- IKE1 阶段。
- IKE2 阶段。
- 定义感兴趣流量。
- 将 crypto map 应用于发送方接口。

第四步：测试。

1. 搭建网络拓扑结构

打开 Cisco 模拟器，在左下角的设备框中选择添加 2 台 1841 路由器和 2 台主机，路由器与路由器之间用串口线连接，其他设备之间用交叉线连接，实验拓扑结构如图 7-39 所示。

其中，1841 路由器没有串口，因此需要为 Router0 和 Router1 添加串口模块，单击 Router0 图标，在打开的窗口中选择"Physical"选项卡。首先单击路由器开关按钮，关闭路由器，再选择"WIC-2T"模块，按住鼠标左键，将该模块拖入图 7-40 所示的黑色插槽中，最后打开路由器开关。利用相同的方法，给 Router1 添加串口模块。

○ 根据是否提供机密性，IPSec 协议可分为 AH 协议和 ESP 协议；根据是否加密源 IP，IPSec 协议可分为隧道和传输两种工作模式。

○ 认证方式主要有证书、Kerberos、预共享密钥等方式，密钥算法主要采用 Diffie-Hellman 算法。具体原理可以参阅应用密码学等相关教材。

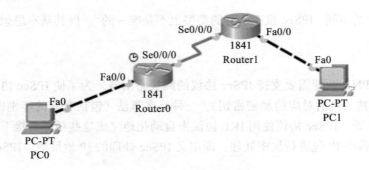

图 7-39　实验拓扑结构

提示：此操作必须在路由器的开关关闭以后才能完成。

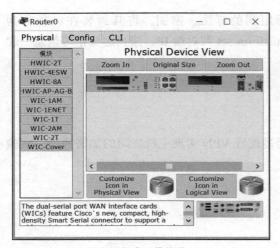
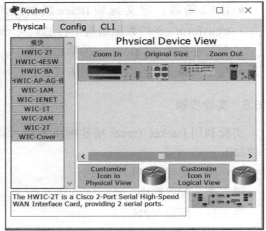

　　a）添加串口模块前　　　　　　　　　　b）添加串口模块后

图 7-40　向路由器添加串口模块前后配置图

按照表 7-9，逐项配置各主机和路由器的 IP 地址、子网掩码和网关。

表 7-9　网络拓扑中各设备的 IP 地址

设备	接口	IP 地址	子网掩码	默认网关
PC 0	Fa0	192.168.1.1	255.255.225.0	192.168.1.10
PC 1	Fa0	10.1.1.1	255.255.0.0	10.1.1.10
Router 0	Fa0/0	192.168.1.10	255.255.225.0	N/A
	Se0/0/0	101.1.1.1	255.255.255.0	N/A
Router 1	Fa0/0	10.1.1.10	255.255.0.0	N/A
	Se0/0/0	101.1.1.2	255.255.255.0	N/A

　　其中，192.168.1.0/24 网段为内网 1，10.1.1.0/16 网段为内网 2。101.1.1.0/24 网段为公网。本实验的目的是在内网 1 和内网 2 通过公网连通的基础上，实现一条安全的 VPN 隧道。按照拓扑图设置好各个设备的 IP，将路由器的端口设为开启状态。

2. 配置路由

对于内网 1 的网关路由器 Router 0，需要为其配置的路由规则如下：所有数据包的下一跳的 IP 一律设置为 101.1.1.2；同理对于 Router 1，下一跳的 IP 一律设置为 101.1.1.1。Router0 的操作如代码 7-22 所示。

代码 7-22

```
Router0(config)#ip route 0.0.0.0 0.0.0.0 101.1.1.2
// 告诉 Router 0，所有数据包的下一跳路由地址全部为 101.1.1.2
```

Router1 的操作如代码 7-23 所示。

代码 7-23

```
Router1(config)#ip route 0.0.0.0 0.0.0.0 101.1.1.1
// 告诉 Router 0，所有数据包的下一跳路由地址全部为 101.1.1.1
```

路由配置完成以后，用 PC0 验证网络是否连通。首先在 PC0 的命令行中输入"ping 101.1.1.2"命令，如图 7-41 所示。

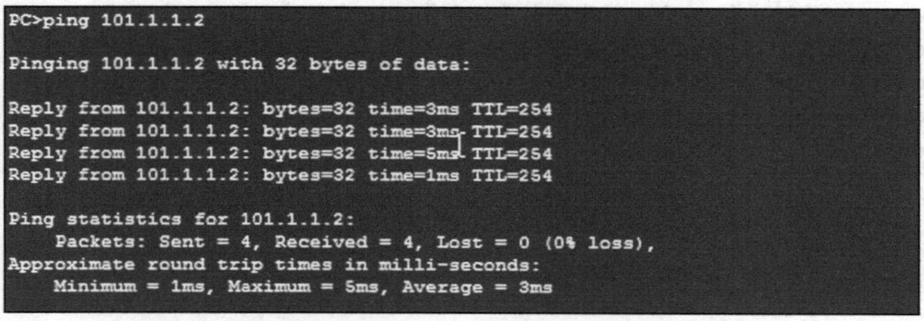

图 7-41　PC0 验证外网的连通性

然后用 PC0 ping 10.1.1.10，成功 ping 通内网 2，如图 7-42 所示。

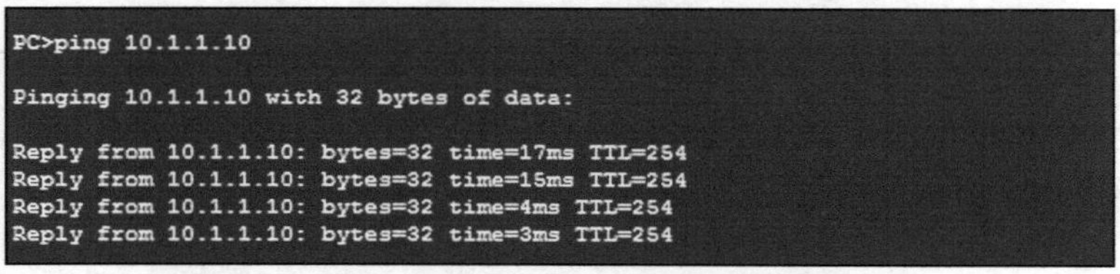

图 7-42　PC0 验证外网中某台内网主机的连通性

接下来，需要配置 VPN，实现内网 1 和内网 2 在 VPN 基础上的联络。

3. 配置 VPN

下面以 Router0 为例说明 VPN 的配置过程，Router1 的配置方法和 Router0 相同。

（1）IKE1 阶段

首先使用 crypto isakmp policy 命令进入 IKE 配置模式，进行身份认证、密钥算法、预安全通道的加密、签名算法等的配置；然后用 crypto isakmp key 命令配置预共享密钥的密钥。在 Router0 上进行下面的操作，如代码 7-24 所示。

代码 7-24

```
Router0(config)#crypto isakmp policy 10    //10代表优先级
Router0(config-isakmp)#authentication pre-share
//authentication 命令用于指定认证方式，pre-share 指预共享密钥的身份认证方式㊀
Router0(config-isakmp)#hash md5                           //定义签名算法㊁
Router0(config-isakmp)#group 2                            //密钥算法的分组参数：1、2、5
Router0(config-isakmp)#encryption 3des                    //定义加密算法㊂
Router0(config-isakmp)#exit
Router0(config)#crypto isakmp key aaa address 101.1.1.2   //定义预共享密钥中使用的密钥为 aaa
```

（2）IKE2 阶段

使用 crypto ipsec transform-set 命令定义转换集，其中就定义了具体通信所使用的加密和签名算法，然后将其与接收方内网路由 IP 等信息一起封装进 crypto map 数据结构中，如代码 7-25 所示。

代码 7-25

```
Router0(config)#crypto ipsec transform-set vpnSet esp-des esp-md5-hmac
//vpnSet 为转换集的名字，esp 表示 ESP 协议
Router0(config)#crypto map vpnMap 10 ipsec-isakmp
//定义 crypto map 数据结构，vpnMap 为自定义的名称，10 表示优先级
Router0(config-crypto-map)#set peer 101.1.1.2           //设置接收方路由器 IP
Router0(config-crypto-map)#set transform-set vpnSet     //将转换集封装其中
Router0(config-crypto-map)#match address 110            //110 为命名 ACL㊃
Router0(config-crypto-map)#exit
```

（3）定义感兴趣流量

操作如代码 7-26 所示。

代码 7-26

```
Router0(config)#ip access-list extended 110    //定义 110 命名 ACL
Router0(config-ext-nacl)#permit ip 192.168.1.0 0.0.0.255 10.1.0.0 0.0.255.255
//定义 110 命名 ACL 的具体内容
Router0(config-ext-nacl)#exit
```

（4）将 crypto map 应用于发送方接口

操作如代码 7-27 所示。

代码 7-27

```
Router0(config)#int s0/0/0
Router0(config-if)#crypto map vpnMap    //将定义好的加密图绑定到接口
Router0(config-if)#end
```

Router1 的配置和 Router0 的配置类似，操作如代码 7-28 所示。

㊀ 其他认证方式还有 rsa-encr、rsa-sig 等。
㊁ 签名算法主要包括 md5、sha。
㊂ 加密算法主要包括 des、3des、aes。
㊃ 命名 ACL 是一种特殊的 ACL，具体内容请参见网络工程相关教材。

代码 7-28

```
Router1(config)#crypto isakmp policy 10
Router1(config-isakmp)#authentication pre-share
Router1(config-isakmp)#hash md5
Router1(config-isakmp)#group 2
Router1(config-isakmp)#encryption 3des
Router1(config-isakmp)#exit
Router1(config)#crypto isakmp key aaa address 101.1.1.1
Router1(config)#crypto ipsec transform-set vpnSet esp-des esp-md5-hmac
Router1(config)#crypto map vpnMap 10 ipsec-isakmp
Router1(config-crypto-map)#set peer 101.1.1.1
Router1(config-crypto-map)#set transform-set vpnSet
Router1(config-crypto-map)#match address 110
Router1(config-crypto-map)#exit
Router1(config)#ip access-list extended 110
Router1(config-ext-nacl)#permit ip 10.1.0.0 0.0.255.255 192.168.1.0 0.0.0.255
Router1(config-ext-nacl)#exit
Router1(config)#int s0/0/0
Router1(config-if)#crypto map vpnMap
Router1(config-if)#end
```

4. 测试

在 PC0 的命令行界面执行 ping 命令：ping 10.1.1.10，如图 7-43 所示。

```
PC>ping 10.1.1.10

Pinging 10.1.1.10 with 32 bytes of data:

Request timed out.
Reply from 10.1.1.10: bytes=32 time=11ms TTL=254
Reply from 10.1.1.10: bytes=32 time=9ms TTL=254
Reply from 10.1.1.10: bytes=32 time=13ms TTL=254

Ping statistics for 10.1.1.10:
    Packets: Sent = 4, Received = 3, Lost = 1 (25% loss),
Approximate round trip times in milli-seconds:
    Minimum = 9ms, Maximum = 13ms, Average = 11ms
```

图 7-43　PC0 ping 10.1.1.10

待其 ping 通后，再进入 Router0，同样使用 show crypto ipsec sa 命令查看刚刚发送的包是否加密。可以发现，发送的三个包成功加密，IPSec VPN 隧道搭建成功，如图 7-44 所示⊖。

```
Router#show crypto ipsec sa

interface: Serial0/0/0
    Crypto map tag: vpnMap, local addr 101.1.1.1

   protected vrf: (none)
   local  ident (addr/mask/prot/port): (192.168.1.0/255.255.255.0/0/0)
   remote  ident (addr/mask/prot/port): (10.1.0.0/255.255.0.0/0/0)
   current_peer 101.1.1.2 port 500
    PERMIT, flags={origin_is_acl,}
   #pkts encaps: 3, #pkts encrypt: 3, #pkts digest: 3
   #pkts decaps: 3, #pkts decrypt: 3, #pkts verify: 3
   #pkts compressed: 0, #pkts decompressed: 0
   #pkts not compressed: 0, #pkts compr. failed: 0
   #pkts not decompressed: 0, #pkts decompress failed: 0
   #send errors 1, #recv errors 0
```

图 7-44　测试 IPSec VPN 隧道是否成功

⊖ encrypt 和 decrypt 的个数大于 0 即说明隧道成功建立。

7.6.7 实验总结

从实验结果来看，在没有搭建 IPSec VPN 隧道和搭建了 IPSec VPN 隧道两种情况下，两个内网都能相互 ping 通。但通过 show crypto ipsec sa 命令，我们可以知道，在配置了 IPSec VPN 隧道后，发送的包已经被加密，从普通的 IP 包变成了 IPSec 包，通过这种方式能够保证数据发送的安全性。

7.6.8 思考与进阶

思考：为什么配置 IPSec 的过程中要设计 transform set 和 crypto map 两个数据结构？只设置一个不行吗？

进阶：尝试同时建立 NAT 和 IPSec VPN 隧道，并观察实验结果。

第 8 章
链路层实验

链路层位于 TCP/IP 体系的第二层，用于实现网络节点之间的链路传输。TCP/IP 支持多种不同的链路层协议，这取决于网络所使用的硬件，如以太网、令牌环网及 RS-232 串行线路等。

本章设计了三个链路层实验，严格来说，网线的制作应该属于物理层的实验，而 ARP 属于网络层的协议，由于它解决的是 IP 地址和物理地址的转换，所以放在了链路层实验部分。本章的网线制作属于实物实验，教师可以根据具体情况安排。本章使用 Cisco 的 Packet Tracer 来模拟组建网络，模拟网络设备的配置，同时利用 Packet Tracer 来观看数据包在局域网的传送，这对掌握数据包在主机和交换机之间如何传送是非常重要的。

8.1 双绞线的制作

8.1.1 实验背景

双绞线是工程布线中最常用的传输介质，由两条相互绝缘的导线按照一定的规格互相缠绕（一般以逆时针缠绕）在一起而制成的通用配线。双绞线既可以用于传输模拟信号，也可以用于传输数字信号。它分为屏蔽双绞线（Shielded Twisted Pair，STP）和非屏蔽双绞线（Unshielded Twisted Pair，UTP）。屏蔽双绞线在线和外层绝缘管壁之间有一层金属材料，用以提高信号抗干扰的能力，但同时使得造价变高，部署变得复杂。非屏蔽双绞线的工艺相对简单，可以手工完成接头部分的制作。本实验中统称的双绞线均指非屏蔽双绞线。

8.1.2 实验目标与应用场景

1. 实验目标

实验的主要目的是让学生学习非屏蔽双绞线的制作方法及其工作原理，分别以五类、超五类和六类双绞线为原材料制作网线。在实验过程中，要求掌握以下知识点：

1) 五类线、超五类线和六类线的特点及识别方式。
2) 双绞线中直通连接和交叉连接的区别，并了解不同设备之间的网线连接。
3) 两种不同双绞线的制作和检测方法。

2. 应用场景

目前，计算机局域网的工程布线中常见的三种介质分别为双绞线、同轴电缆和光纤。选择不同传输介质时需要从多个方面考虑，区别如下：

- 传输距离：光纤的传输距离远远大于双绞线和同轴电缆。这是因为双绞线和同轴电缆传输的是电信号，所以它们存在较为明显的信号衰减。双绞线的传输距离建议不超过

100m；同轴电缆的传输距离建议不超过500m（不同的质量要求下，标准并不固定）；光纤的传输距离可以达到千米以上，甚至几十千米。工程中，对于双绞线和同轴电缆，可以使用中继器和同轴放大器来放大信号。
- 传输速度：目前主流光纤产品的传输速度能达到10Gb/s；在较短距离内，基带同轴电缆的传输速度可以达到1～2Gb/s；六类双绞线的传输速度能达到1000Mb/s。
- 抗干扰性：光纤以光信号传播，不受电磁干扰。同轴电缆的抗干扰能力相对较差，并且对低频电磁波的屏蔽效果有限。双绞线的干扰能力差，可以通过增加屏蔽层、缩短节距、减少耦合接头调高抗干扰能力。
- 工程造价：光纤＞同轴电缆＞双绞线。随着光纤制作工艺的发展和光纤分布式数据接口 FDDI 技术的应用，铺设光纤的成本逐步下降，光纤局域网已经越来越多地得到应用。
- 施工难度：双绞线在工程布设中最为方便。同轴电缆的硬度大，不易弯曲。光缆线对连接要求精准，需要反复测试。

同轴电缆曾主要用于部署总线型拓扑的以太网，但是这样使得作为总线的同轴电缆一旦出现故障，连接在其上的所有机器都将受到影响。在目前的小型局域网建设中，总线型拓扑被紧缩为星形拓扑结构，双绞线成为局域网最常见的传输介质。光纤已经大量用于主干网络的架设。

8.1.3 实验准备

实验属于实物实验，通过六类双绞线的制作方法，了解一般双绞线的制作过程，并学习直通线缆和交叉线缆的制作方法。实验前需要了解下面相关知识：
1）双绞线的种类及用处。
2）直通线缆和交叉线缆的差异。
3）剥线 / 压线钳和网线测试仪的使用方法。

8.1.4 实验平台与工具

六类双绞线一段，RJ-45 水晶头若干，剥线 / 压线钳一个，测线仪一台。

8.1.5 实验原理

1. 双绞线的分类

双绞线由八根铜线制作而成，这八根铜线两两缠绕形成四组。通过缠绕的形式可以提高网线的抗干扰能力。

五类双绞线上标有"CAT5"，可支持 100Mb/s、1000 Mb/s 的传输速度，但性能不如超五类线，所以已经逐步被取代。超五类线上标有"CAT5E"，在五类线的基础上，超五类线增加了一条抗拉线，并提高了线径标准，使得各方面性能得以提高，如图 8-1a 所示。对于部署千兆以太网来说，六类双绞线在带宽、串扰、回波损耗等方面都远远超过超五类双绞线。六类线上标有"CAT6"，增加了塑料的十字骨架，使得两两相绕的四组线分别置于四个凹槽内，并在超五类线的基础上加大了线径，如图 8-1b 所示。

a）超五类双绞线　　　　　　　　　b）六类双绞线

图 8-1　超五类和六类双绞线

由于六类线的线径较大，六类线的水晶头孔径也稍大于五类线和超五类线的水晶头。五类线和超五类线的水晶头的八根铜线在水晶头中呈一字排列。六类线增加了分线模块的设计，水晶头中的铜钱呈上下交错排列。这种交错排列的方式进一步减少产生电容。图 8-2a 为超五类双绞线水晶头，图 8-2b 为六类双绞线水晶头。

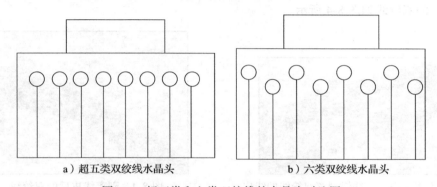

a）超五类双绞线水晶头　　　　　　b）六类双绞线水晶头

图 8-2　超五类和六类双绞线的水晶头对比图

2. 双绞线的排线标准

双绞线的八根铜线分别被八种不同颜色的绝缘膜包裹，它们的排列顺序有严格的国际标准。双绞线有两种标准线序：

- EIA/TIA568A 标准线序：绿白→绿→橙白→蓝→蓝白→橙→棕白→棕。
- EIA/TIA568B 标准线序：橙白→橙→绿白→蓝→蓝白→绿→棕白→棕。

直通线两头都采用 EIA/TIA568A 标准或者 EIA/TIA568B 标准。交叉线一头采用 EIA/TIA568A 标准，另一头采用 EIA/TIA568B 标准。选用直通线还是交叉线要依据具体的使用环境。一般来说，同种类型的设备之间使用交叉线，路由器和主机属于相同类别的设备，所以主机和主机、主机和路由器、路由器和路由器、交换机和交换机之间均使用交叉线。不同类型的设备之间使用直通线，如主机和交换机之间、交换机和路由器之间。很多网络设备的厂商已经意识到这样给用户带来了不便，所以现在大多数的交换机和路由器都能自适应两种不同的排线方式了。

8.1.6　实验步骤

实验需要制作直通线和交叉线，这两类线的制作方法的主要差异体现在排线和测试的步骤上，其余步骤是相同的。对于不同的双绞线（如五类线、超五类线或者六类线），步骤都是类似的，不同的地方是在剥线的时候，超五类线和六类线要去掉抗拉线和十字骨架，并在选用水晶头的时候注意观察区分。本实验选择六类双绞线来完成实验，步骤如下。

第一步：剥线。

第二步：排线。

第三步：压线。

第四步：测试。

1. 剥线

将双绞线放置于剥线/压线钳的剥线刀片处，刀片距离线头 3～4cm。合拢剥线/压线钳，轻轻旋转，剥离双绞线的线皮，如图 8-3 所示。

提示：剥线时不能把芯线剪破或剪断，否则会造成芯线之间短路或不通，或者会造成相互干扰，通信质量下降。

剥线的目的是去掉双绞线最外层的线皮，但是要保留铜线上的绝缘层，注意不要损伤铜线，剥离后的双绞线如图 8-4 所示。

 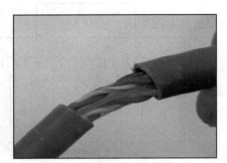

图 8-3　使用剥线/压线钳剥离双绞线的线皮　　　　图 8-4　剥离线皮后的双绞线

2. 排线

剪断六类双绞线的抗拉线和十字骨架，以便进行排线，如图 8-5 所示。

提示：五类线没有拉抗线和十字骨架，可以略过这个操作。

直通线在排线时，水晶头两端都采用 EIA/TIA568B 标准；交叉线在排线时，水晶头一端采用 EIA/TIA568B 标准，另一端采用 EIA/TIA568A 标准。按照线序标注来排列双绞线，并将扭曲的线体梳理平整。图 8-6 所示为按照 EIA/TIA568B 标准排线的双绞线。

图 8-5　剪断抗拉线和十字骨架后的双绞线　　　　图 8-6　按照 EIA/TIA568B 标准排线的双绞线

3. 压线

将排列好的双绞线并排在一起，用剥线/压线钳的刀片将双绞线剪成统一的长度，距离线头 1～2cm，如图 8-7 所示。

将修整好的线平整地放进水晶头，直至双绞线完全抵达水晶头顶部。注意，水晶头的卡子一面背对操作者，如图 8-8 所示。所有线头都需要整齐触及水晶头顶部，并且不能改变线序。

图 8-7 剪断双绞线的多余部分

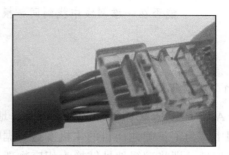
图 8-8 将双绞线套入水晶头

将水晶头套入剥线/压线钳的水晶头压制口，如图 8-9 所示。用力按压夹线器，使得水晶头固定住双绞线，当听到"咔"的一声时，说明水晶头内的金属片刺破铜线的绝缘层，线体与金属片连通。

4. 测试

双绞线的两端水晶头都制作完成后，将其插入测线仪的两端，如图 8-10 所示。打开测线仪的电源，观察两端 1 至 8 信号灯的闪烁情况。正常情况下，直通线的两端信号灯将按照 1 至 8 的顺序同步闪烁。交叉线的一端信号灯将按照 1 至 8 的顺序闪烁，另一端信号灯按照 3、6、1、4、5、2、7、8 的顺序闪烁。由此可见，交叉线 1～3、2～6 是交叉闪烁的，即一端显示 1 另一端显示 3，一端显示 2 另一端显示 6。若闪烁的顺序不正确，则排线有误。若某几个信号灯不亮，则水晶头可能没有压制好。解决这些问题都需要剪断水晶头部分，重新制作。

图 8-9 压制双绞线的水晶头

8.1.7 实验总结

双绞线有不同的类型，五类线和超五类线适用于部署百兆以太网，但是五类线已经趋于淘汰。六类线适用于千兆以太网。在制作双绞线的水晶头时，可以在排线前通过掰动线头部分，使得铜线更柔软、顺直，有利于将线排列得更加整齐，提高成功率。实验过程中最容易出现问题的就是压线的步骤，压线过程要保证排好的线顺序不能乱，同时在压线时，用力太小会导致水晶头的金属片未刺破铜线的绝缘层，而用力太大会导致水晶头损坏。

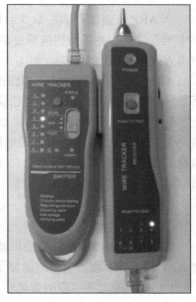
图 8-10 测线仪测试双绞线

8.1.8 思考与进阶

思考：测线仪信号灯的闪烁顺序和什么有关系？

进阶：某些测线仪带有找线的功能（通常标记为 scan），即将双绞线的一端插入仪器信号发射端，在遥远的另一端用仪器靠近这根网线时将发出蜂鸣。请试试能否在一堆网线中找到同一根线的两端。

8.2 ARP 协议分析

8.2.1 实验背景

ARP（Address Resolution Protocol，地址解析协议）是为 IP 地址获得其物理地址。在以太网中，为了正确地向目的主机发送数据帧，必须把目的主机的 32 位 IP 地址转换为 48 位物理地址，即将逻辑地址转换为相应物理地址。支持这种将 IP 地址转换为相应物理地址的协议就是 ARP 协议。

8.2.2 实验目标与应用场景

1. 实验目标

实验采用 Cisco Packet Tracer 作为实验平台，模拟 ARP 工作时分组的转发情况。在实验过程中，需要掌握以下知识点：

1）ARP 的工作原理；

2）ARP 工作过程中报文的变化过程；

3）在网络中，随着设备之间通信的进行，PC 和路由器、交换机中 ARP 表缓存的变化情况。

2. 应用场景

当 ARP 高速缓存表中缺少目的 IP 和 MAC 地址的对应记录时，以广播的形式询问局域网中所有设备，并等待回应后更新保存。此时，攻击者可以伪装成目标主机进行回复，这种攻击方式称为 ARP 欺骗。

ARP 欺骗有两种方式，即路由器 ARP 表欺骗和对内网主机的网关欺骗。前者是指攻击者按一定的频率向路由器发送错误的 MAC 地址，导致路由器无法更新保存正确的 MAC 地址。后者是指攻击者将真实网关 IP 地址映射到伪造的 MAC 地址上，使得所有数据发送到伪造网关。遭遇 ARP 攻击时，局域网内的大量设备将无法正常连接网络，并存在信息泄露的风险。因为 ARP 本身的原因，防范 ARP 攻击并不容易。目前，有限的防范措施是绑定 IP 和 MAC 地址、定期检测 ARP 病毒。

8.2.3 实验准备

实验使用 Packet Tracer 模拟器中的模拟状态，详细了解数据包在以太网中如何工作，了解 ARP 的工作原理。实验前需要了解下面相关知识：

1）ARP 报文各字段的含义；

2）Packet Tracer 模拟器的使用方法。

8.2.4 实验平台与工具

1. 实验平台

Windows Server 2008 R2 SP1（任何平台均可以完成）

2. 实验工具

Cisco Packet Tracer 6.1

8.2.5 实验原理

实验过程中的 ARP 命令⊖：

- arp –a：显示 PC 当前的 ARP 表。
- arp –d：清空 PC 当前的 ARP 表。

交换机的 MAC 地址表指示了 MAC 地址和端口的映射，由 MAC 表可以知道哪个 MAC 地址在哪个交换机端口。

8.2.6 实验步骤

通过在模拟器中搭建网络，可以了解同一网络 ARP 的工作情况，以及在不同网络的主机通信时，ARP 是如何进行工作的。实验步骤如下。

第一步：构建网络拓扑结构。

第二步：查看在同一局域网内部 ARP 的工作情况。

- 发送数据包之前查看各设备的 ARP 表。
- 发送数据包后查看各设备的 ARP 表。
- 再次发送数据包后查看数据包的捕获情况。

第三步：查看在不同局域网 ARP 的工作情况。

1. 构建网络拓扑结构

打开 Cisco 模拟器，在左下角的设备框中选择添加 1 台 1841 路由器、2 台 2950-24 交换机、3 台主机 PC-PT，设备之间采用直通线连接。实验拓扑结构图如图 8-11 所示。

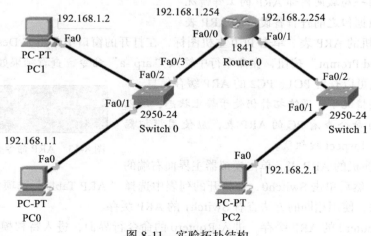

图 8-11 实验拓扑结构

⊖ 在真实的 PC 命令行环境下，还有 arp –s 命令，用于增加 ARP 表项；除此之外，arp 命令的用法和 Cisco 模拟器中也有不同，具体可以在 DOS 环境下运行 arp 命令查看。

在拓扑结构图中单击 PC0 图标进入配置界面，单击"Desktop"选项卡中的"IP Configuration"按钮，进入图 8-12 所示的 PC0 的 IP 配置界面。

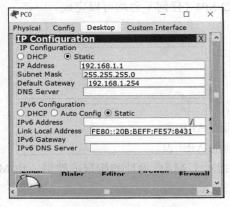

图 8-12　PC0 的 IP 配置界面

按照表 8-1，逐项配置各主机的 IP 地址、子网掩码和网关，路由器的配置方法参考 7.5 节。

表 8-1　网络拓扑中各设备的 IP 地址

设备	接口	IP 地址	子网掩码	默认网关
PC0	Fa0	192.168.1.1	255.255.225.0	192.168.1.254
PC1	Fa0	192.168.1.2	255.255.225.0	192.168.1.264
PC2	Fa0	192.168.2.1	255.255.255.0	192.168.2.254
Router 0	Fa0/0	192.168.1.254	255.255.225.0	N/A
	Fa0/1	192.168.2.254	255.255.255.0	N/A

按照拓扑图设置好各设备的 IP，将路由器的端口设为开启状态。①

2. 查看在同一局域网内部 ARP 的工作情况

（1）发送数据包之前查看各设备的 ARP 表

1）查看主机的 ARP 表。单击 PC0 主机图标，在打开的窗口中单击"Desktop"选项卡中的"Command Prompt"按钮，在命令行中输入"arp -a"命令，查看结果如图 8-13 所示。利用相同的方法可以查看 PC1、PC2 的 ARP 缓存信息。

提示：某些情况下，网络拓扑仍处于静止状态，所以不能使用 arp –a 命令查看 PC 的 ARP 表，应使用模拟器界面工具栏中的 Inspect 按钮。

图 8-13　ARP 命令查看缓存表结果

2）查看交换机的 ARP 表。单击模拟器主界面右端的 Inspect 按钮，然后单击 Switch0，在打开的列表中选择"ARP Table"选项，如图 8-14 所示，查看其结果。使用相同的方法查看 Switch1 的 ARP 缓存。

3）查看 Router0 的 ARP 缓存。进入 Router0 的命令行界面，进入特权模式，使用命令"show arp"查看其 ARP 缓存，如图 8-15 所示。

---

① 设置端口和 IP 的方法详见工具与环境篇。

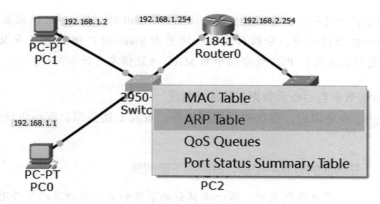

图 8-14　查看交换机的 ARP 表

（2）发送数据包后查看各设备的 ARP 表

首先找到模拟器主界面右下角的实时/模拟栏，单击"模拟"图标，网络拓扑进入模拟状态（此时网络拓扑为静止状态）。

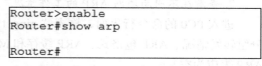

图 8-15　查看路由器的 ARP 表

提示：Cisco 模拟器的模拟状态可以从时间的微观维度上观察一个分组的转发情况。刚进入模拟状态时，网络拓扑的时间点变为静止状态，单击界面右方"自动捕获/播放"按钮，网络拓扑进入工作状态（时间重新变为活动状态）；单击"捕获/转发"按钮，时间点直接跳到下一个转发事件（时间点仍为静止状态）；单击"重置模拟"按钮，时间点进入初始状态（最开始的静止点）。

单击模拟器界面中的"编辑过滤器"按钮，勾选 ARP、ICMP 复选框，如图 8-16 所示。

进入 PC0 的命令行模式，发送 ping 192.168.1.2 命令。观察并查看工作空间（单击分组按钮即可查看分组的详细信息；单击"捕获/转发"按钮，数据包会一步一步进行传送。图 8-17 显示的是数据包从交换机转发时的情况。

图 8-16　事件过滤器界面

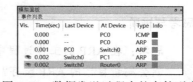

图 8-17　数据发送过程中的事件列表

 想一想　完成后实验以后，回答下列问题：

1）最开始时 PC0 的 ARP 表是否为空？原因是什么？

2）最开始时 Switch0 的 MAC 地址表的内容是什么？

3）发送 ping 命令后，分组在 PC0 处等待转发时，这些分组是什么协议包？为什么发送这些包？其中的 MAC 信息是什么？属于接收的包还是发送的包？

4）ping 命令执行过程中，分组转发第一次至 Switch0 时，其 MAC 地址表有什么变化？

5）ping 命令执行过程中，分组转发第一次至由 Switch0 广播至 PC1 和 Router0 时，后两者的 ARP 表有什么变化？PC1 处分组中的 MAC 地址信息有什么变化？

（3）再次发送数据包后查看数据包的捕获情况

执行完成 ping 命令以后，再次打开模拟界面，重复上述步骤，观察事件列表中的事件信息。

在捕获的数据中观察，并回答下面问题：
在事件列表中，第一次捕获的事件和第二次捕获的事件有什么差异？

2. 查看在不同局域网 ARP 的工作情况

进入 PC0 的命令行界面，输入 "ping 192.168.2.1"，重复上面的步骤，观察网络拓扑的分组转发情况、ARP 包格式、ARP 缓存和 MAC 地址表的变化情况（注意，刚开始时 PC0 的 ARP 表应为空）。

回答下面的问题：
ping 命令的执行情况有什么变化？

8.2.7 实验总结

本实验主要从以下四个角度分析 ARP 的工作过程。

1）在同一局域网发送信息，ARP 表被清空时的 ping 命令执行情况：发送 ARP 和 ICMP 两个包，解析目的主机的物理地址。

2）在同一局域网发送信息，ARP 表不为空时的 ping 命令执行情况：发送 ICMP 包。

3）在同一局域网发送信息，ARP 表被清空时的 ping 命令执行情况：发送 ARP 和 ICMP 两个包。

4）不同局域网发送信息时 ping 命令执行情况：发送 ARP 和 ICMP 两个包，此时 ARP 解析的不再是目的主机的物理地址，而是默认网关的物理地址。

8.2.8 思考与进阶

思考：在 ARP 的工作过程中，对于一个网关路由器，什么时候会丢包？什么时候会刷新自己的 ARP 缓存？

进阶：尝试在建立了 NAT 的网络拓扑中观察 ARP 的工作情况，并观察实验结果。

8.3 跨交换机划分 VLAN

8.3.1 实验背景

交换机是网络部署中较常见的设备之一。与路由器不同，交换机不具备路由功能，只能达到扩展局域网的效果,但是为了加快大型局域网内部的数据交换,三层交换机也具有部分路由器功能。三层交换机一个很重要的功能是划分 VLAN(Virtual Local Area Network,虚拟局域网)。一般常用的划分 VLAN 的方式有两种,一种是根据 IP 地址划分,另一种是根据端口划分。使用何种方式划分 VLAN 可以根据具体的需求选择。

8.3.2 实验目标与应用场景

1. 实验目标

本实验分别以实物交换机和 Cisco 模拟器为实验环境,也可根据实际情况选择实验环境。实验将基于端口的方式实现跨交换的 VLAN 划分,从而掌握以下知识点:

1)交换机的各种工作模式。
2)交换机的基本命令。
3)根据端口划分 VLAN 的方法。

2. 应用场景

无论二层交换机还是三层交换机,只要其支持 802.1q 协议就可以实现 VLAN 划分。二层交换机只工作在数据链路层的设备,也就是说,它将按照 MAC 地址表来转发包,而不处理网络层的 IP 信息。所以,在二层交换机上划分的 VLAN 只能在其内部通信,不能实现 VLAN 之间通信。三层交换机同时采用二层交换技术和三层转发技术,实现一次路由多次转发。二层交换技术是由硬件高速实现的,三层路由技术则使用 CPU 的路由进程进行处理,所以,当大型网络内划分有许多小局域网时,若使用二层交换机则不能实现网际访问,若使用路由器则不能实现快速转发,使用三层交换机是最优选择。当局域网内数据交换的任务重时,采用二层交换机和路由器搭配的方式可以充分发挥其各自的优点。

8.3.3 实验准备

实验在实物交换机和 Cisco 模拟器两种实验环境下分别进行配置。实验前需要了解下面相关知识:

1)实物交换机的连接方式,详见第 2 章有关交换机的基本介绍。
2)Cisco 模拟器的基本使用方法,详见第 3 章有关 Cisco Packet Tracer 的内容。
3)交换机与路由器的区别。

8.3.4 实验平台与工具

1. 实验平台

Windows Server 2008 R2 SP1(任何平台均可以完成)

2. 实验工具

1)在实物交换机实验:锐捷三层交换机一台,锐捷二层交换机一台,主机三台,网线若干根。

提示:交换机可以选用华为、锐捷、H3C、D-Link、Cisco 等品牌。各个品牌之间的命令略有所不同,但步骤基本一致,必要时候可以参阅产品的使用手册。

2)在 Cisco 模拟器实验:Cisco Packet Tracer 6.1。

8.3.5 实验原理

1. 交换机的模式

交换机有四种模式：用户模式、特权模式、全局模式和端口模式。各模式间的关系如图 8-18 所示。

图 8-18　交换机各模式间的关系

（1）用户模式

用户模式是进入交换机后的默认模式，其提示符为 ">"。在该模式下可以查看交换机的版本信息，或者测试网络。

（2）特权模式

在用户模式下输入 enable 可以进入特权模式，其提示符为 "#"。在该模式下可以管理交换机的配置文件、查看交换机的配置信息等。

（3）全局模式

在特权模式下输入 configure terminal 可以进入全局模式，其提示符为 "(config) #"。在该模式下可以配置交换机的主机名和访问密码等。

（4）端口模式

在全局模式下输入 interface 命令可以进入端口模式，其提示符为 "(config-if) #"。在该模式下可以对端口参数进行配置。

2. VLAN 的划分

VLAN 不受物理位置的限制，可以跨越多个交换机实现逻辑上的互通或隔离。一般的二层交换机就可以实现 VLAN 的划分，但是作为仅工作在数据链路层的设备，二层交换机没有路由表，因而只能支持 LAN 内部通信，而不支持不同 LAN 之间的通信。VLAN 是逻辑意义上的 LAN，要实现不同 VLAN 之间的访问就必须使用三层交换机。使用三层交换机划分 VLAN 后，数据包的转发流程如下。

（1）源主机和目的主机位于同一 VLAN

根据端口或 IP 地址，交换机将识别源主机和目的主机是否在同一 VLAN。若它们处于同一 VLAN，三层交换机仅工作在二层模式，即基于 MAC 地址的寻址转发。例如，主机 A 向同一 VLAN 的主机 B 发送信息，具体流程如图 8-19 所示。

（2）源主机和目的主机位于不同 VLAN

若三层交换机识别到源主机和目的主机在不同 VLAN，则它将优先查找 ASCI 芯片中的硬件转发表。硬件转发表记录了目的 IP、MAC 地址和交换机端口号等对应信息。若硬件转发表中有相关记录，则直接转发数据包到相应端口，此时交换机只工作在二层模式；否则需要查找路由表中 VLAN 对应的地址，并更新硬件转发表，此时交换机将工作在三层模式，即基于 IP 地址的寻址转发。由于更新了硬件转发表，当再次遇到该地址的转发时，将不再查询路由表，而是直接转发数据包。这就是三层交换机常常被提到的"一次路由多次转发"的特点。例如，主机 A 向不同 VLAN 的主机 C 发送信息，具体流程如图 8-20 所示。

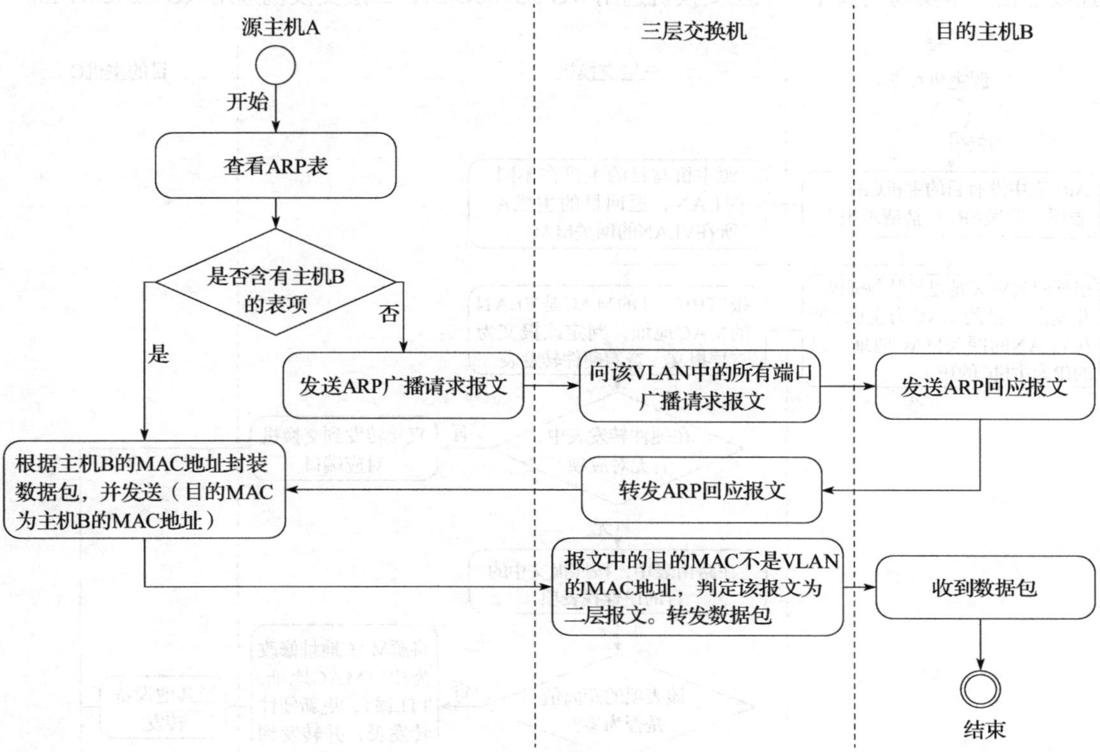

图 8-19 同一 VLAN 转发流程

8.3.6 实验步骤

本实验分为两个部分，即分别在实物交换机和 Cisco 模拟器上实现 VLAN 划分，并进行验证。实物交换机及 Packet Tracer 环境下的配置步骤如下：

第一步：搭建实验环境。
- 构建网络拓扑结构。
- 配置主机信息。

第二步：配置交换机。
- 配置两台交换机的主机名。
- 划分 VLAN。
- 测试 VLAN。

1. 在实物交换机上配置 VLAN

第一步：搭建实验环境。

（1）构建网络拓扑结构

实验拓扑结构如图 8-21 所示，其中 Switch0 为三层交换机，Switch1 为二层交换机。PC0 主机和 PC2 主机划分在 VLAN10，PC1 主机 B 划分在 VLAN20，实现 PC0 主机和 PC2 主机逻辑上的互连互通及 PC1 主机与其他两台主机的隔离。注意，Multilayer Switch0 和 Switch0 之间用交叉线连接。目前大多数交换机支持端口自适应，所以支持端口自适应的设备也可以使用直连线连接。本实物实验中，三层交换机选用 RG-S3760E-24，二层交换机选用 RG-S2928G-E。

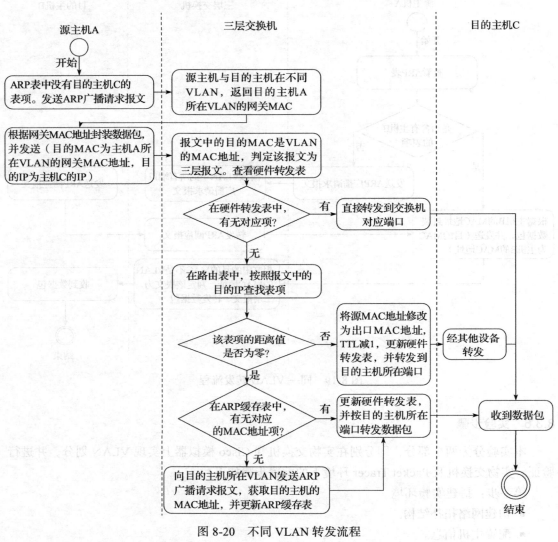

图 8-20　不同 VLAN 转发流程

图 8-21　实验拓扑结构

网络拓扑中的各设备 IP 配置情况如表 8-2 所示。

表 8-2 网络拓扑中各设备的 IP 配置情况

设备	接口	IP 地址	子网掩码	默认网关
PC0	Fa0	192.168.0.2	255.255.225.0	192.168.0.1
PC1	Fa0	192.168.0.3	255.255.225.0	192.168.0.1
PC2	Fa0	192.168.0.4	255.255.255.0	192.168.0.1

（2）配置主机信息

打开 PC0 主机的电源，进入 Windows Server 2008 R2，选择"开始"→"控制面板"选项，在打开的"控制面板"窗口中选择"查看网络状态和任务"选项。此时在"查看活动网络"栏下可以看到已经启用的网卡连接。单击连接名称进入状态界面，在"常规"选项卡中单击"属性"按钮，并找到"Internet 协议版本 4（TCP/IPv4）"项目，单击该项目后，再单击"属性"按钮，弹出"Internet 协议版本 4（TCP/IPv4）属性"对话框，在"常规"选项卡中配置 IP 地址和网关，如图 8-22 所示。

按照表 8-2，对 PC1 和 PC2 按相同步骤配置其 IP 地址和网关。配置完成后，PC0、PC1 和 PC2 属于同一个局域网，所以两两之间能互相通信，通过 ICMP 的 ping 命令进行验证。在 PC0 中，选择"开始"→"所有程序"→"附件"→"命令提示符"选项。打开"命令提示符"窗口后输入"ping 192.168.0.3"，如图 8-23 所示，PC0 和 PC1 之间能 ping 通。按照类似的操作可以对 PC0、PC1 和 PC2 任意两两之间的通信情况进行验证。

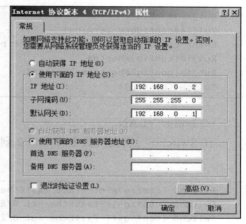

图 8-22 配置主机 IP

图 8-23 PC0 可以 ping 通 PC1

第二步：配置交换机

（1）配置两台交换机的主机名

为了方便查阅，将两台交换机名称改为拓扑图所示名称。

另需一台主机在配置时使用。配置主机通过 Console 配置线连接三层交换机的 Console 口，另一端连接配置主机的 COM 口，使用 SecureCRT 登录三层交换机，具体连接和登录方式详见第 2 章。后续在三层交换机上配置时，采用同样的连接和登录方式。

在三层交换机将设备名更改为 Switch0，执行如代码 8-1 所示。

代码 8-1

```
Ruijie>enable
Ruijie#configure terminal
Enter configuration commands, one per line.  End with CNTL/Z.

[Help cmd]        [Example]        [Presented inf]        [Config mode]
```

```
function+help    acl help       typical config example   privileged mode
keyword+help     ip-mac help    single cmd example       current cmd mode
view+function    view acl       main status or config    mode of different levels
Ruijie(config)#hostname Switch0
Switch0 (config)#
```

用同样方式将配置主机连接到二层交换机,并使用 SecureCRT 登录。后续在二层交换机上配置时,也采用同样的连接和登录方式。在二层交换机将设备名更改为 Switch1,命令如代码 8-2 所示。

代码 8-2

```
Ruijie>enable
Ruijie#configure terminal
Enter configuration commands, one per line. End with CNTL/Z.
Ruijie(config)#hostna
Ruijie(config)#hostname Switch1
Switch1(config)#
```

(2)划分 VLAN

在 Switch0 三层交换机上将端口 2 划分到 VLAN10,命令如代码 8-3 所示。

代码 8-3

```
Switch0 (config)#interface fastEthernet 0/2
Switch0 (config-if-fastEthernet 0/2)#switchport mode access
Switch0 (config-if-fastEthernet 0/2)#switchport access vlan 10
Switch0 (config-if-fastEthernet 0/2)#exit
```

在 Switch0 三层交换机上将端口 3 划分到 VLAN20,命令如代码 8-4 所示。

代码 8-4

```
Switch0 (config)#interface fastEthernet 0/3
Switch0 (config-if-fastEthernet 0/3)#switchport mode access
Switch0 (config-if-fastEthernet 0/3)#switchport access vlan 20
Switch0 (config-if-fastEthernet 0/3)#exit
```

在 Switch1 二层交换机上将端口 2 划分到 VLAN10,命令如代码 8-5 所示。

代码 8-5

```
Switch1 (config)#interface GigabitEthernet 0/2
Switch1 (config-if-GigabitEthernet 0/2)#switchport mode access
Switch1 (config-if-GigabitEthernet 0/2)#switchport access vlan 10
Switch1 (config-if-GigabitEthernet 0/2)#exit
```

在 Switch0 和 Switch1 之间设置交换机的链路 Truck。在 Switch0 上执行命令如代码 8-6 所示。

代码 8-6

```
Switch0 (config)#interface fastEthernet 0/1
Switch0 (config-if-FastEthernet 0/1)#switchport mode trunk
Switch0 (config-if-FastEthernet 0/1)#exit
```

在 Switch1 上配置交换机之间的链路 Truck，命令如代码 8-7 所示。

代码 8-7
```
Switch1 (config)#interface GigabitEthernet 0/1
Switch1 (config-if-GigabitEthernet 0/1)#switchport mode trunk
Switch1 (config-if-GigabitEthernet 0/1)#exit
```

查看 Switch0 的 VLAN 信息，命令如代码 8-8 所示。

代码 8-8
```
Switch0 (config)#show vlan
VLAN Name                            Status    Ports
----                                 ---------  ---------
   1 VLAN0001                        STATIC    Fa0/1, Fa0/4, Fa0/5, Fa0/6
                                               Fa0/7, Fa0/8, Fa0/9, Fa0/10
                                               Fa0/11, Fa0/12, Fa0/13, Fa0/14
                                               Fa0/15, Fa0/16, Fa0/17, Fa0/18
                                               Fa0/19, Fa0/20, Fa0/21, Fa0/22
                                               Fa0/23, Fa0/24, Gi0/25, Gi0/26
  10                                 STATIC    Fa0/1, Fa0/2
  20                                 STATIC    Fa0/1, Fa0/3
Switch0 (config)#show interfaces fastEthernet 0/1 switchport
Interface             Switchport Mode   Access Native Protected VLAN lists
---------             ----------------  ------ ------ --------- ----------
FastEthernet 0/1      enabled    TRUNK  1      1      Disabled  ALL
```

查看 Switch1 的 VLAN 信息，命令如代码 8-9 所示。

代码 8-9
```
Switch1 (config)#show vlan
VLAN Name                            Status    Ports
----                                 ---------  ---------
   1 VLAN0001                        STATIC    Gi0/1, Gi0/3, Gi0/4, Gi0/5
                                               Gi0/6, Gi0/7, Gi0/8, Gi0/9
                                               Gi0/10, Gi0/11, Gi0/12, Gi0/13
                                               Gi0/14, Gi0/15, Gi0/16, Gi0/17
                                               Gi0/18, Gi0/19, Gi0/20, Gi0/21
                                               Gi0/22, Gi0/23, Gi0/24, Gi0/25
                                               Gi0/26, Gi0/27, Gi0/28
  10                                 STATIC    Gi0/1, Gi0/2
  20                                 STATIC    Gi0/1
Switch1 (config)#show interfaces GigabitEthernet 0/1 switchport
Interface             Switchport Mode   Access Native Protected VLAN lists
---------             ----------------  ------ ------ --------- ----------
GigabitEthernet 0/1   enabled    TRUNK  1      1      Disabled  ALL
```

（3）测试 VLAN

PC0 主机和 PC2 主机属于 VLAN10，PC1 主机属于 VLAN20。由 VLAN 的特点可以推断 PC0 和 PC2 可以进行通信，PC0 和 PC1 不能进行通信。下面通过 ICMP 的 ping 命令进行验证。

在 PC0 上使用"ping 192.168.0.4"命令，如图 8-24 所示，PC0 可以 ping 通 PC2。

在 PC0 上使用"ping 192.168.0.3"命令，如图 8-25 所示，PC0 不可以 ping 通 PC1。

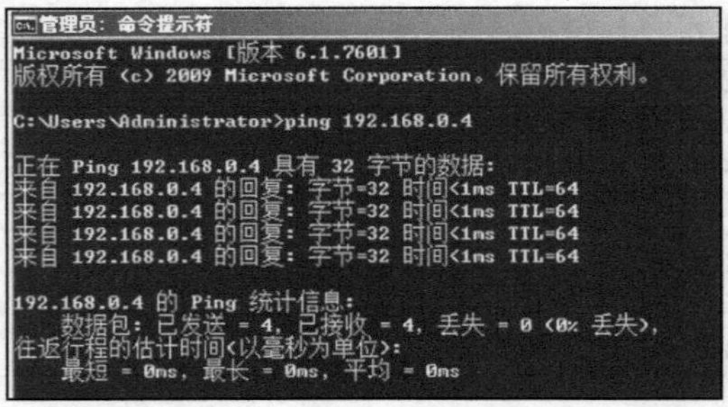

图 8-24　PC0 可以 ping 通 PC2　　　　图 8-25　PC0 不可以 ping 通 PC1

2. 在 Packet Tracer 环境下配置 VLAN

第一步：搭建实验环境

（1）构建网络拓扑结构

打开 Cisco 模拟器，在左下角的设备框中选择添加 1 台 3560-24PS 交换机、1 台 2950-24 交换机和 3 台主机。交换机之间用交叉线连接，交换机与主机设备之间用直通线连接，实验拓扑结构如图 8-21 所示。

（2）配置主机信息

在拓扑结构图中，单击 PC0 主机进入配置界面，单击"Desktop"选项卡中的"IP Configuration"按钮，进入图 8-26 所示的 IP 配置界面。按照表 8-2，依次配置 PC0、PC1 和 PC2 的 IP 地址、子网掩码和网关。

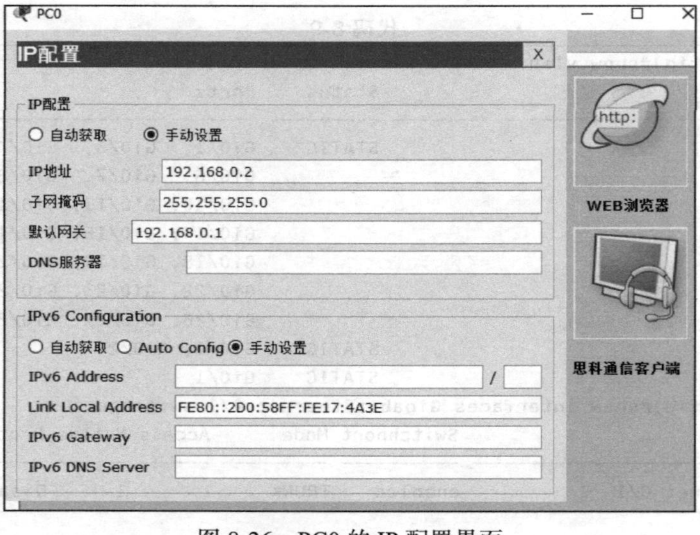

图 8-26　PC0 的 IP 配置界面

PC0、PC1 和 PC2 属于同一个局域网，通过 ICMP 的 ping 命令验证两两之间能互相通信。在拓扑结构图中，单击 PC0 主机进入配置界面，选择 CLI 选项卡，在命令行界面中输入"ping 192.168.0.3"。由图 8-27 可以看到 PC0 和 PC1 之间能 ping 通。PC0、PC1 和 PC2 任意两两之间的通信情况采用相同方法验证。

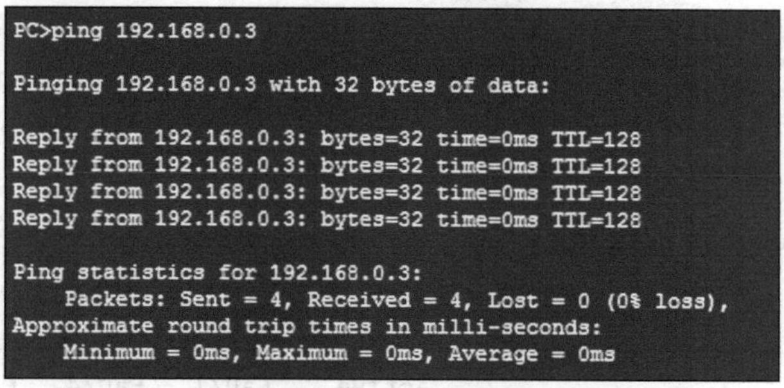

第 8 章 链路层实验   153

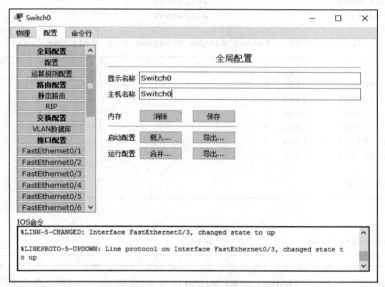

图 8-27　PC0 可以 ping 通 PC1

第二步：配置交换机

（1）配置两台交换机的主机名

为了方便查阅，将两台交换机名称改为拓扑图所示名称。

在拓扑结构图中，单击交换机进入配置界面，在"全局配置"选项卡中更改交换机名称，如图 8-28 所示。将三层交换机名称更改为 Switch0，将二层交换机名称更改为 Switch1。

图 8-28　更改三层交换机的名称

（2）划分 VLAN

在拓扑结构图中，单击交换机进入配置界面，选择"命令行"选项卡，即可进行配置操作。在 Switch0 三层交换机上执行如下命令，将端口 2 划分到 VLAN10，将端口 3 划分到 VLAN20，并查看 VLAN 状态，如代码 8-10 所示。

代码 8-10

```
Switch0(config)#interface fastEthernet 0/2
Switch0(config-if)#switchport access vlan10
% Access VLAN does not exist. Creating vlan10
Switch0(config-if)#exit
Switch0(config)#interface fastEthernet 0/3
```

```
Switch0(config-if)#switchport access vlan20
% Access VLAN does not exist. Creating vlan20
Switch0(config-if)#end
Switch0#
%SYS-5-CONFIG_I: Configured from console by console

Switch0#show vlan

VLAN Name                             Status    Ports
---- -------------------------------- --------- -------------------------------
1    default                          active    Fa0/1,  Fa0/4,  Fa0/5,  Fa0/6
                                                Fa0/7,  Fa0/8,  Fa0/9,  Fa0/10
                                                Fa0/11, Fa0/12, Fa0/13, Fa0/14
                                                Fa0/15, Fa0/16, Fa0/17, Fa0/18
                                                Fa0/19, Fa0/20, Fa0/21, Fa0/22
                                                Fa0/23, Fa0/24, Gig0/1, Gig0/2
10   VLAN0010                         active    Fa0/2
20   VLAN0020                         active    Fa0/3
1002 fddi-default                     act/unsup
1003 token-ring-default               act/unsup
1004 fddinet-default                  act/unsup
1005 trnet-default                    act/unsup

VLAN Type  SAID     MTU   Parent RingNo BridgeNo Stp  BrdgMode Trans1 Trans2
---- ----- -------- ----- ------ ------ -------- ---- -------- ------ ------
1    enet  100001   1500  -      -      -        -    -        0      0
10   enet  100010   1500  -      -      -        -    -        0      0
20   enet  100020   1500  -      -      -        -    -        0      0
1002 fddi  101002   1500  -      -      -        -    -        0      0
1003 tr    101003   1500  -      -      -        -    -        0      0
1004 fdnet 101004   1500  -      -      -        ieee -        0      0
1005 trnet 101005   1500  -      -      -        ibm  -        0      0

Remote SPAN VLANs
------------------------------------------------------------------------------


Primary Secondary Type             Ports
------- --------- ---------------- ------------------------------------------
```

在拓扑结构图中,单击 Switch1 二层交换机进入配置界面,选择"命令行"选项卡进入配置界面。在 Switch1 上执行如下命令,将端口 2 划分到 VLAN10,并查看 VLAN 状态,如代码 8-11 所示。

代码 8-11

```
Switch1 (config)#interface GigabitEthernet 0/2
Switch1 (config-if-GigabitEthernet 0/2)#switchport mode access
Switch1 (config-if-GigabitEthernet 0/2)#switchport access vlan 10
Switch1 (config-if-GigabitEthernet 0/2)#exit

Switch1(config)#interface fastEthernet 0/2
Switch1(config-if)#switchport access vlan 10
% Access VLAN does not exist. Creating vlan 10
Switch1(config-if)#end
Switch1#
```

```
%SYS-5-CONFIG_I: Configured from console by console

Switch1#show vlan

VLAN Name                             Status     Ports
---- -------------------------------- ---------- -------------------------------
1    default                          active     Fa0/1, Fa0/3, Fa0/4, Fa0/5
                                                 Fa0/6, Fa0/7, Fa0/8, Fa0/9
                                                 Fa0/10, Fa0/11, Fa0/12, Fa0/13
                                                 Fa0/14, Fa0/15, Fa0/16, Fa0/17
                                                 Fa0/18, Fa0/19, Fa0/20, Fa0/21
                                                 Fa0/22, Fa0/23, Fa0/24
10   VLAN0010                         active     Fa0/2
1002 fddi-default                     act/unsup
1003 token-ring-default               act/unsup
1004 fddinet-default                  act/unsup
1005 trnet-default                    act/unsup

VLAN Type  SAID     MTU   Parent RingNo BridgeNo Stp  BrdgMode Trans1 Trans2
---- ----- -------- ----- ------ ------ -------- ---- -------- ------ ------
1    enet  100001   1500  -      -      -        -    -        0      0
10   enet  100010   1500  -      -      -        -    -        0      0
1002 fddi  101002   1500  -      -      -        -    -        0      0
1003 tr    101003   1500  -      -      -        -    -        0      0
1004 fdnet 101004   1500  -      -      -        ieee -        0      0
1005 trnet 101005   1500  -      -      -        ibm  -        0      0

Remote SPAN VLANs
------------------------------------------------------------------------------


Primary Secondary Type              Ports
------- --------- ----------------- ------------------------------------------
```

在 Switch0 和 Switch1 之间设置交换机的链路 Truck。在 Switch0 上执行命令如代码 8-12 所示。

代码 8-12

```
Switch0(config)#interface fastEthernet 0/1
Switch0(config-if)#switchport mode trunk
Command rejected: An interface whose trunk encapsulation is "Auto" can not be conf
    igured to "trunk" mode.   // Cisco 模拟器中 3560-24PS 交换机默认的封装协议为 ISL(Inter-Swi-
                              // tch Link) 协议。这是 Cisco 交换机私有协议，所以配置 Trunk 时被拒绝
Switch0(config-if)#switchport trunk encapsulation dot1q
                              // 改为 802.1q 协议后，再配置 Trunk。
Switch0(config-if)#switchport mode trunk

Switch0(config-if)#
%LINEPROTO-5-UPDOWN: Line protocol on Interface FastEthernet0/1, changed state to down

%LINEPROTO-5-UPDOWN: Line protocol on Interface FastEthernet0/1, changed state to up

Switch0(config-if)#
```

在 Switch1 上配置交换机之间的链路 Truck，命令如代码 8-13 所示。

代码 8-13

```
Switch1(config)#interface fastEthernet 0/1
Switch1(config-if)#switchport mode trunk
Switch1(config-if)#exit
Switch1(config)#
```

（3）测试 VLAN

由于 VLAN10 和 VLAN20 分别属于不同的子网，测试 PC0 和 PC1、PC0 和 PC2 之间是否可以通信就能验证 VLAN 是否划分成功。

在拓扑结构图中，单击主机进入配置界面，单击"Desktop"选项卡中的 CLI 按钮，就可以进入命令行界面，依次用 ping 命令验证 PC0、PC1 和 PC2 之间的通信情况。由图 8-29 可知，PC0 可以 ping 通 PC2，PC0 不可以 ping 通 PC1。

```
PC>ping 192.168.0.3

Pinging 192.168.0.3 with 32 bytes of data:

Request timed out.
Request timed out.
Request timed out.
Request timed out.

Ping statistics for 192.168.0.3:
    Packets: Sent = 4, Received = 0, Lost = 4 (100% loss),

PC>ping 192.168.0.4

Pinging 192.168.0.4 with 32 bytes of data:

Reply from 192.168.0.4: bytes=32 time=2ms TTL=128
Reply from 192.168.0.4: bytes=32 time=1ms TTL=128
Reply from 192.168.0.4: bytes=32 time=0ms TTL=128
Reply from 192.168.0.4: bytes=32 time=1ms TTL=128

Ping statistics for 192.168.0.4:
    Packets: Sent = 4, Received = 4, Lost = 0 (0% loss),
Approximate round trip times in milli-seconds:
    Minimum = 0ms, Maximum = 2ms, Average = 1ms
```

图 8-29　PC0 与 PC2、PC0 之间的连通情况

8.3.7　实验总结

本实验通过对交换机的配置实现了 VLAN 的划分。实验中使用了两种不用类型的端口状态：Access 和 Trunk，这两种端口的用途不一。Trunk 端口用于多台交换机相连时 VLAN 的汇聚，Access 端口用于交换机与 VLAN 主机的连接。此外，需要注意的是，交换机可以通过 Console 端口和以太网端口两种方式访问，初次使用时建议通过 Console 端口访问。

8.3.8　思考与进阶

思考：使用 Packet Tracer 的"实时/模拟"功能，查看在三层交换机配置 VLAN 的情况下数据包的传送过程。

进阶：实现三个子网，并在子网间设置防火墙，禁止被外部 IP 访问内网，只能访问边界服务器，设置静态路由表。

综合设计篇

- 第 9 章　综合设计项目 1：校园网的搭建
- 第 10 章　综合设计项目 2：A Life of Web Page
- 第 11 章　综合设计项目 3：基于 SMTP 和 POP3 的邮件服务器的搭建
- 第 12 章　综合设计项目 4：网络爬虫的设计和实现

第 9 章
综合设计项目 1：
校园网的搭建

搭建一个大型局域网时，首先应根据用户的需求设计网络拓扑结构，并规划 IP 地址的分配方法及地址范围，然后根据需求选择满足需求的网络设备及配置相应的网络协议。这涉及基础实验中已经学习的路由器配置和子网划分。通常情况下，大型网络的用户较多，所以还需要配置 DHCP 为其动态分配 IP 地址。另外，还需要考虑是否配置 NAT、需要在局域网内搭建哪些网络服务等。本章将从搭建一个简易的校园网入手，对基础实验的知识进行综合，让学生了解大型局域网的设计及搭建的过程。

9.1 项目设计目标与准备

本项目旨在通过在 Packet Tracer 中模拟校园网的搭建过程，帮助学生了解搭建校园网的基本方法。通过本项目，学生应掌握以下知识点：

1）VLAN 划分的基本方法。
2）NAT 的配置方法。
3）DHCP 的配置方法。
4）DNS 的配置方法。

本项目使用 Packet Tracer 模拟器搭建校园网，需要提前了解下面相关知识：

1）VLAN 划分、NAT、DHCP、DNS 等基础理论知识。
2）Cisco 模拟器的基本使用方法。

提示： 本项目建议两个课时完成，需要提前学习关于 VLAN 划分、NAT、DHCP、DNS 等的配置。

9.2 项目平台与工具

1. 实验平台

Windows Server 2008 R2 SP1（任何平台均可以完成）

2. 实验工具

Cisco Packet Tracer 6.1

9.3 总体设计要求

校园网的设计要求如下。

1）VLAN 划分：将教学楼、实验楼、学生宿舍、图书馆、办公楼等地点分别划分到不同的 VLAN（虚拟局域网中），以减小广播域冲突，提高通信效率。

2）启用 DHCP 服务：校园网内的主机数量较多，为了管理方便，一般让网内主机自动获取 IP 地址。本实验需要配置教学楼、实验楼、学生宿舍、图书馆、办公楼等地点的交换机的 DHCP 服务，使这些地点的主机自动获取 IP 地址。

3）配置 Web 服务：Web 服务器要求校园网用户和外网用户均可以访问，域名为 www.scu.edu。

4）配置 DNS 服务器：本实验要求配置 DNS 服务器，使得校园网用户可以通过域名 www.scu.edu 访问 Web 服务器。

5）配置 NAT 服务：在路由器上配置 NAT，使得校园网用户使用内网 IP 可以访问外网，但是外网用户只能访问校园网的 Web 服务器，而不能访问校园网的用户主机。

建议在实验前根据设计要求自行设计实验步骤，并画出网络拓扑结构图及 IP 地址的划分情况，再进行后续的实验工作。

9.4 设计步骤

本项目需要根据设计要求划分拓扑结构，划分 IP 地址范围，选择相应的服务，主要步骤如下。

第一步：构建网络拓扑结构。

第二步：划分 VLAN。

第三步：配置 DHCP 服务。

第四步：配置 Web 服务。

第五步：配置 DNS 服务。

第六步：配置 NAT 服务。

第七步：测试。

1. 构建网络拓扑结构

打开 Cisco 模拟器，在左下角的设备框中选择添加 2 台 Router-PT 路由器、6 台 2960-24TT 交换机、1 台 3560-24PS 多层交换机、6 台主机 PC-PT 和 2 台 Server-PT 服务器，按照图 9-1 所示的拓扑结构进行连接。其中相同设备用交叉线连接，不同设备用直通线连接。广域网路由器之间要使用串行口（在连接设备时，如果发现所选的路由器没有串行口，需要给路由器添加 NM-4A/S 模块）和 DTE 线进行连接。在实验过程中，学生不必严格遵循图 9-1 中所连接的端口进行连接，但是必须清楚各设备之间连接所对应的端口号，在后面的设置中需要对对应的端口号进行更改。

在图 9-1 所示的拓扑结构中，PC5 是拥有外网 IP 的主机，Router0 的左方是整个学校内部的拓扑结构，其所有设备均使用内网 IP 地址，然后通过 NAT 方式，使得其可以与外网的主机通信。

按照表 9-1，逐项配置各主机的 IP 地址、子网掩码和网关，路由器的配置方法参考 7.3 节。

注意，表 9-1 中以 192 开头的 IP 都是内网 IP，其余的都是外网 IP。路由器的串口需要设置 Clock Rate 为 64000，如图 9-2 配置 Router0 的 Se2/0 串口。

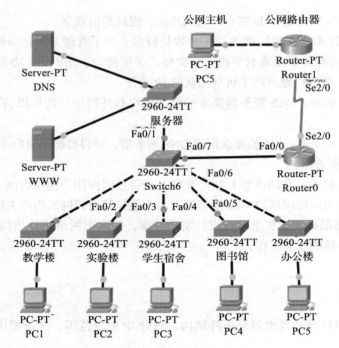

图 9-1 实验拓扑图

表 9-1 设备的 IP 配置信息

设备	接口	IP 地址	子网掩码	默认网关
DNS 服务器	Fa0	192.168.32.2	255.255.224.0	192.168.32.1
WWW 服务器	Fa0	192.168.32.3	255.255.224.0	192.168.32.1
PC5	Fa0	211.211.211.2	255.255.255.0	211.211.211.1
Router0	Fa0/0	192.168.32.1	255.255.224.0	N/A
	Se2/0	200.1.1.1	255.255.255.0	N/A
Router1	Fa0/0	211.211.211.1	255.255.255.0	N/A
	Se2/0	200.1.1.2	255.255.255.0	N/A

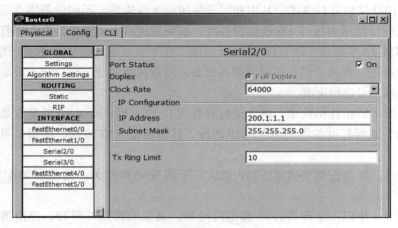

图 9-2 配置 Router0 的 Se2/0 串口

2. 划分 VLAN

单击 Switch6，进入配置界面，选择 CLI 面板，在其中进行如代码 9-1 所示的配置。

代码 9-1

```
Switch>enable
Switch#conf t
# 新建VLAN2，注意VLAN1是原生的，最好不要覆盖，所以这里选择从2开始
Switch(config)#vlan 2
# 将接口Fa0/1分配给VLAN2，并设定其IP为192.168.32.2
Switch(config-vlan)#interface f0/1
Switch(config-if)#switchport access vlan 2
Switch(config)#interface vlan2
Switch(config-if)#ip address 192.168.32.2 255.255.252.0
Switch(config)#vlan 3
Switch(config-vlan)#interface f0/2
Switch(config-if)#switchport access vlan 3
Switch(config)#interface vlan3
Switch(config-if)#ip address 192.168.36.2 255.255.252.0
Switch(config)#vlan 4
Switch(config-vlan)#interface f0/3
Switch(config-if)#switchport access vlan 4
Switch(config)#interface vlan4
Switch(config-if)#ip address 192.168.40.2 255.255.252.0
Switch(config)#vlan 5
Switch(config-vlan)#interface f0/4
Switch(config-if)#switchport access vlan 5
Switch(config)#interface vlan5
Switch(config-if)#ip address 192.168.44.2 255.255.252.0
Switch(config)#vlan 6
Switch(config-vlan)#interface f0/5
Switch(config-if)#switchport access vlan 6
Switch(config)#interface vlan6
Switch(config-if)#ip address 192.168.48.2 255.255.252.0
Switch(config)#vlan 7
Switch(config-vlan)#interface f0/6
Switch(config-if)#switchport access vlan 7
Switch(config)#interface vlan7
Switch(config-if)#ip address 192.168.52.2 255.255.252.0
```

不同 VLAN 之间是不可以通信的，为了使校园网内各用户间可以互相访问，这里通过一种单臂路由的思想来使 VLAN 之间可以互相通信，在 Switch6 继续进行如代码 9-2 所示的配置。

代码 9-2

```
Switch>enable
Switch#conf t
Switch(config)#interface fa0/7
Switch(config-if)#switchport mode trunk
Switch(config-if)#switchport trunk allowed vlan all
```

然后单击 Router0，进行如代码 9-3 所示的配置 (单臂路由的重点)。

代码 9-3

```
# 创建虚拟接口f0/0.1
```

```
Router(config)#interface f0/0.1
# 配置以太网子接口 f0/0.1 的 VLAN 号为 2，封装协议为 802.1q。
Router(config-subif)#encapsulation dot1q 2
Router(config-subif)#ip address 192.168.32.1 255.255.252.0
Router(config-subif)#interface f0/0.2
Router(config-subif)#encapsulation dot1q 3
Router(config-subif)#ip address 192.168.36.1 255.255.252.0
Router(config-subif)#interface f0/0.3
Router(config-subif)#encapsulation dot1q 4
Router(config-subif)#ip address 192.168.40.1 255.255.252.0
Router(config-subif)#interface f0/0.4
Router(config-subif)#encapsulation dot1q 5
Router(config-subif)#ip address 192.168.44.1 255.255.252.0
Router(config-subif)#interface f0/0.5
Router(config-subif)#encapsulation dot1q 6
Router(config-subif)#ip address 192.168.48.1 255.255.252.0
Router(config-subif)#interface f0/0.6
Router(config-subif)#encapsulation dot1q 7
Router(config-subif)#ip address 192.168.52.1 255.255.252.0
```

1）每个 VLAN 的网络号分别是多少？

2）每个 VLAN 能容纳多少台主机？

3. 配置 DHCP 服务

在 Switch6 中的 CLI 面板中用代码 9-4 中的命令继续进行配置。

代码 9-4

```
Switch(config)#ip dhcp pool net1
Switch(dhcp-config)#network 192.168.36.0 255.255.252.0
Switch(dhcp-config)#default-router 192.168.36.1
Switch(dhcp-config)#ip dhcp excluded-address 192.168.36.1
Switch(config)#ip dhcp pool net2
Switch(dhcp-config)#network 192.168.40.0 255.255.252.0
Switch(dhcp-config)#default-router 192.168.40.1
Switch(dhcp-config)#ip dhcp excluded-address 192.168.40.1
Switch(config)#ip dhcp pool net3
Switch(dhcp-config)#network 192.168.44.0 255.255.252.0
Switch(dhcp-config)#default-router 192.168.44.1
Switch(dhcp-config)#ip dhcp excluded-address 192.168.44.1
Switch(config)#ip dhcp pool net4
Switch(dhcp-config)#network 192.168.48.0 255.255.252.0
Switch(dhcp-config)#default-router 192.168.48.1
Switch(dhcp-config)#ip dhcp excluded-address 192.168.48.1
Switch(config)#ip dhcp pool net5
Switch(dhcp-config)#network 192.168.52.0 255.255.252.0
Switch(dhcp-config)#default-router 192.168.52.1
Switch(dhcp-config)#ip dhcp excluded-address 192.168.52.1
```

配置完成后需要在每台主机的配置界面中对 Fa0 端口进行设置，设置其 IP 地址为 DHCP 方式获取（默认是 Static IP）。这里以 PC0 为例，单击 PC0，进入 PC0 配置界面，选择 Config 选项卡，在左方的列表中选择 FastEthernet0 选项，然后在右方的设置面板中选择 DHCP 服务，如图 9-3 所示。

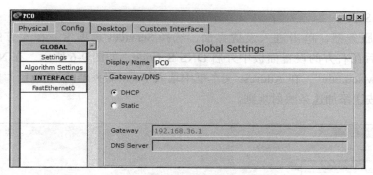

图 9-3　DHCP 配置界面

4. 配置 Web 服务

选择 WWW 服务器，单击进入设置界面，选择 Services 选项卡，在左方的列表中选择 HTTP 服务，然后在右方的设置面板中开启 HTTP 和 HTTPs 服务，如图 9-4 所示。index.html 是 Cisco Packet Tracer 提供的服务器自带的默认主页。

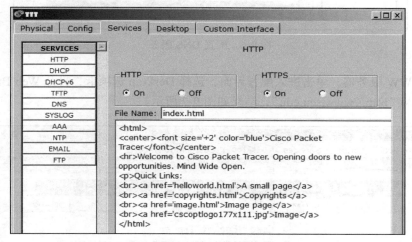

图 9-4　Web 服务配置界面

选择 WWW 服务器，单击进入配置界面，选择 Desktop 选项卡，打开 Web Browser，在地址栏中输入"http://192.168.32.3"，结果如图 9-5 所示。

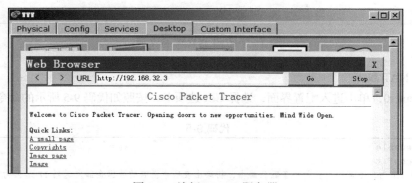

图 9-5　访问 WWW 服务器

5. 配置 DNS 服务

选择 DNS 服务器，单击进入设置界面，选择 Services 选项卡，在左方的列表中选择 DNS 服务，然后在右方的设置面板中开启 DNS Service，如图 9-6 所示。在 Name 文本框中输入域名"www.scu.edu"，在 Address 文本框中填入 www 服务器的 IP 地址"192.168.32.3"，然后单击 Add 按钮添加这条映射规则。

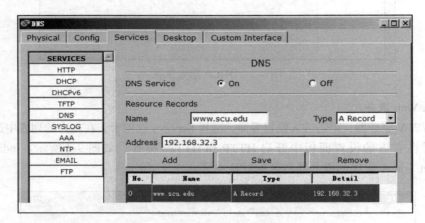

图 9-6　配置 DNS 服务

选择 WWW 服务器，单击进入配置界面，选择 Desktop 选项卡，打开 Web Browser，在地址栏中输入"http://www.scu.edu"，结果如图 9-7 所示。

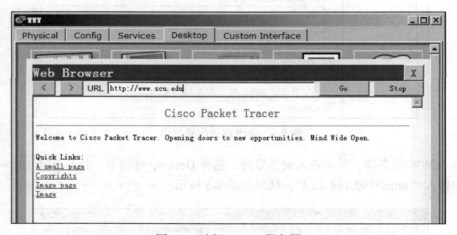

图 9-7　访问 WWW 服务器

6. 配置 NAT 服务

选择 Router0，单击进入配置界面，选择 CLI 选项卡，按照如代码 9-5 所示的命令进行配置。

代码 9-5

```
Router>enable
Router#conf t
# 设置静态路由，上面的设置是一条默认路由，将路由表项中没有的数据全部发送到 IP 地址为
# 200.1.1.2 的公网 IP 接口，这样通过这条默认路由可以将内网与外网通信的数据通过 Router0 发送出去
```

```
Router(config)#ip route 0.0.0.0 0.0.0.0 200.1.1.2
# 将 f0/0.1 ~ f0/0.6 设置为 NAT 内部接口，这里的 f0/0.1 ~ f0/0.6 都是创建在 f0/0 之上的虚拟接口
# 用于实现单臂路由的功能
Router(config)#interface f0/0.1
Router(config-if)#ip nat inside
Router(config-if)#interface f0/0.2
Router(config-if)#ip nat inside
Router(config-if)#interface f0/0.3
Router(config-if)#ip nat inside
Router(config-if)#interface f0/0.4
Router(config-if)#ip nat inside
Router(config-if)#interface f0/0.5
Router(config-if)#ip nat inside
Router(config-if)#interface f0/0.6
Router(config-if)#ip nat inside
# 设置 s2/0 串口为 NAT 外部接口
Router(config-if)#interface s2/0
Router(config-if)#ip nat outside
Router(config-if)#exit
Router(config)#ip nat inside source static 192.168.32.3 200.1.1.3
Router(config)#ip nat inside source static 192.168.32.4 200.1.1.4
#  access-list 访问控制列表，允许来自任何源地址的数据包通过访问列表作用的接口
Router(config)#access-list 1 permit any
# 建立一个名为 scu 的公有地址池，放一个或多个公有 IP 供私有 IP 转换验证 NAT 结果
Router(config)#ip nat pool scu 200.1.1.5 200.1.1.10 netmask 255.255.255.0
Router(config)#ip nat inside source list 1 pool scu overload
```

外网主机的 IP 配置信息如图 9-8 所示。

图 9-8　外网主机的 IP 配置信息

7. 测试

在外网主机 PC0 的命令行界面中输入"ping www.scu.edu"命令，测试外网主机是否能够正常访问校园网的 Web 服务器，DNS 服务器能否正确解析域名，结果如图 9-9 所示。在校园网主机 PC5 的命令行界面中输入"ping 211.211.211.2"命令，测试内网主机和外网主机的连通性，如图 9-10 所示。

```
PC>ping www.scu.edu

Pinging 200.1.1.4 with 32 bytes of data:

Request timed out.
Reply from 200.1.1.4: bytes=32 time=9ms TTL=126
Reply from 200.1.1.4: bytes=32 time=9ms TTL=126
Reply from 200.1.1.4: bytes=32 time=1ms TTL=126

Ping statistics for 200.1.1.4:
    Packets: Sent = 4, Received = 3, Lost = 1 (25%
loss),
Approximate round trip times in milli-seconds:
    Minimum = 1ms, Maximum = 9ms, Average = 6ms
```

图 9-9 测试外网主机和内网 Web 服务器连通性

```
PC>ping 211.211.211.2

Pinging 211.211.211.2 with 32 bytes of data:

Reply from 211.211.211.2: bytes=32 time=1ms TTL=126
Reply from 211.211.211.2: bytes=32 time=6ms TTL=126
Reply from 211.211.211.2: bytes=32 time=11ms TTL=126
Reply from 211.211.211.2: bytes=32 time=5ms TTL=126

Ping statistics for 211.211.211.2:
    Packets: Sent = 4, Received = 4, Lost = 0 (0% loss),
Approximate round trip times in milli-seconds:
    Minimum = 1ms, Maximum = 11ms, Average = 5ms
```

图 9-10 测试内网主机和外网主机的连通性

9.5 总结

项目通过模拟对校园内的路由器和交换机进行配置，使校园内的网络可以实现资源共享和相互通信。利用 VLAN 技术来优化校园网络，限制广播域，增强局域网的安全性。利用 NAT 技术把校园网的私有 IP 地址转换成公网 IP 地址，使得内部网络可以访问互联网资源。在本项目中，要特别注意校园网中 IP 地址块的划分。

第 10 章
综合设计项目 2：
A Life of Web Page

 通过基础实验部分的学习，我们已经熟悉了各层协议的工作原理。在计算机网络中，每一次的信息传送都是通过协议栈中每层协议的相互协作共同完成的。通过本章的综合设计项目，可以从数据传送的一个完整过程中了解不同层协议协同工作的过程，以及协议之间完成数据传送时的工作顺序。

10.1 项目设计目标与准备

本章将以 Web 服务为例，通过用户捕获从客户端浏览器输入网址到获取 Web 页面的完整流程的数据包，对报文进行分析来了解在 TCP/IP 参考模型下各层协议的工作原理，同时了解 Internet 中协议缓存机制的工作原理及应用场合。通过项目，应进一步掌握以下知识点：

1）一个完整 Web 服务涉及的所有协议。
2）获取 Web 页面所需的各层协议之间的协作关系。
3）数据包传输过程中协议缓存机制的工作原理，如 DNS 等。

通过使用 Wireshark 捕获数据包发送过程中所有的数据包，了解 Web 服务中数据包的传送过程，在此之前，读者需要了解下面相关知识：

1）ARP 的工作原理。
2）DHCP 的工作原理。
3）DNS 的工作原理。
4）TCP 的工作原理。
5）HTTP 的工作原理。

提示：本项目建议课时为 1 课时。

10.2 项目平台与工具

1. 实验平台
Windows Server 2008 R2 SP1（任何平台均可以完成）

2. 实验工具
Wireshark、Chrome 浏览器

10.3 项目设计的基本原理

1. 基本工作原理
客户端用户通过浏览器访问 Web 页面的流程如图 10-1 所示。

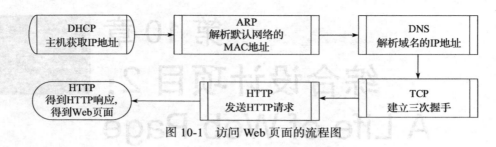

图 10-1 访问 Web 页面的流程图

1）接入网络：一台主机要和其他主机通信的首要条件是获取 IP 配置信息。IP 地址可以通过静态配置或者通过 DHCP 动态获取，本实验客户端主机使用 DHCP 动态获取 IP 地址，详细内容见 7.1 节。

2）ARP 的工作：当网络层的 IP 数据报传送到链路层时，链路层需要根据源 MAC 地址和目的 MAC 地址封装成数据帧。网络层根据路由结果告诉 ARP 模块，ARP 根据路由结果解析所需 IP 对应的 MAC 地址，详细内容见 8.2 节。

3）DNS 的工作：在主机的应用层发送域名进行访问之前需要进行域名解析，域名解析的详细内容见 5.3 节。

4）TCP 三次握手：通过 DNS 获取 Web 服务器 IP 地址以后，由于 HTTP 下层采用 TCP，所以需要客户端主机和 Web 服务器之间建立 TCP 连接，详细内容见 6.1 节。

5）HTTP 的工作：TCP 第三次握手的报文携带了 HTTP 的请求报文，Web 服务器收到请求报文以后发送 HTTP 响应报文，详细内容见 5.1 节。

2. 网络拓扑结构

本综合设计的目的是通过捕获网络中的数据包来了解 TCP/IP 参考模型中各层协议之间的协作关系，因此在网络配置时，可以自己在局域网搭建 DHCP 服务器、Web 服务器、DNS 服务器，也可以利用现成的网络环境（不需要进行专门网络环境的配置）完成一次 Web 页面的访问。本项目以访问四川大学首页 www.scu.edu.cn 为例，省略了相关服务器的配置工作，旨在捕获相关协议数据包及协议包的分析。网络拓扑结构如图 10-2 所示。

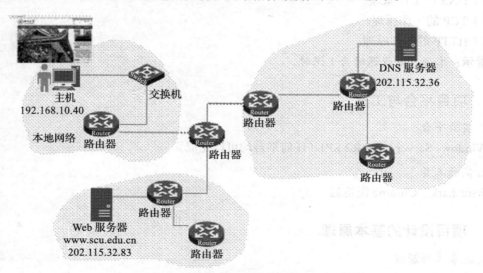

图 10-2 网络拓扑结构

10.4 设计步骤

本项目的重心在于对所捕获数据包的分析,主要步骤如下。

第一步:缓存清理。

第二步:访问 Web 页面,捕获数据包,并分析过程。

第三步:访问相同 Web 页面,捕获数据包。再次访问同一 Web 页面以后,捕获数据包,并对第一次数据包进行对比分析,找出缓存的作用。

1. 缓存清理

在跟踪 Web 数据包的工作过程之前,为了获取完整的实验数据,需要将当前主机的 IP 地址释放,以保证获取 DHCP 的数据包,在命令行中使用 ipconfig/release 命令释放当前主机的 IP 地址,同时在命令行使用"arp -d"命令清除 ARP 缓存表。

清空 Web 浏览器的高速缓存来确保 Web 是从网络中获取的,而不是从高速缓存中取消的。点击浏览器的 按钮,弹出"设置"界面,选择"设置"菜单下的 高级 下拉框就可以看到"隐私设置"内容,选择"清除浏览数据",会出现如图 10-3 所示的界面,将浏览器所有时间段的数据全部删除。

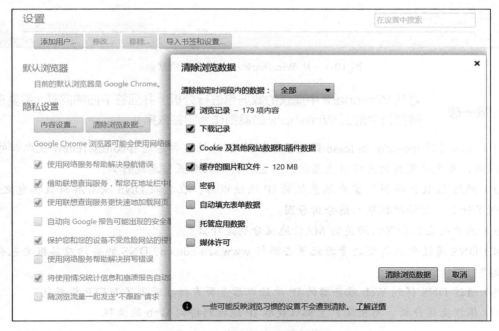

图 10-3 清除浏览器缓存界面

清空 DNS 高速缓存,以确保 Web 服务器域名到 IP 地址的映射是从网络中请求的。在命令行中使用 ipconfig/flushdns 命令清空当前主机的 DNS 缓存信息。

2. 访问 Web 页面,捕获数据包,并分析过程

1)启动 Wireshark 分组俘获器。

2)在命令行中使用 ipconfig/renew 命令获取 IP 地址。

3)在 Web 浏览器的地址栏中输入"www.scu.edu.cn"以后按 Enter 键。

4）待浏览器中得到 www.scu.edu.cn 的网页信息以后，停止分组捕获，得到图 10-4 所示的数据包。

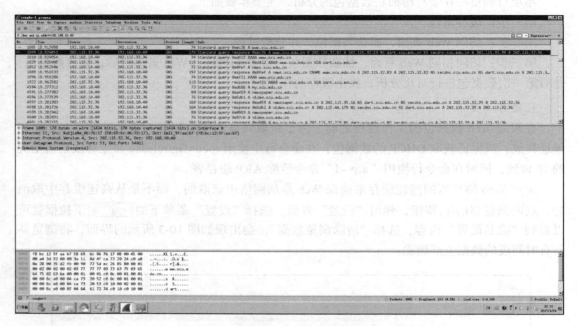

图 10-4　从 Wireshark 从中捕获的数据包

对从 Wireshark 中捕获的数据包进行分析，并回答下面的问题（需要在实验报告中附上 Wireshark 的截图作为回答依据）：

1）在通过用 ipconfig /release 释放了本机的 IP 地址，再通过 ipconfig/renew 获取新的 IP 地址以后，最先捕获到的是什么类型的数据包？得到的配置信息是什么？

2）通过 DHCP 得到了客户端主机的 IP 地址以后，在捕获 DNS 域名解析数据包之前，捕获到了什么类型的数据包？请分析原因。

3）客户端主机和默认网关的 MAC 地址分别是什么？

4）DNS 通过什么类型的资源记录去解析 www.scu.edu.cn？DNS 的查询应答报文包含什么信息？

5）通过 DNS 得到 Web 服务器的 IP 地址以后是否直接捕获到了 HTTP 数据包？

6）根据上述分析，写出客户主机从获取 IP 地址到得到 Web 的流程。

3. 访问相同 Web，捕获数据包

1）启动 Wireshark 分组俘获器。

2）在 Web 浏览器的地址栏中输入 "www.scu.edu.cn" 以后按 Enter 键。

3）待浏览器中得到 www.scu.edu.cn 的网页信息以后，停止分组捕获。

对从 Wireshark 中捕获的数据包进行分析，并回答下面问题（需要在实验报告中附上 Wireshark 的截图作为回答依据）：

1）在发送 HTTP 请求之前，客户端主机最先发送的是什么类型的数据包？为什么是这样的数据包？

2）是否捕获了 ARP 数据包？说明原因。

3）是否捕获了 DNS 数据包？说明原因。

4）捕获的 HTTP 数据包和前一个实验中捕获的 HTTP 报文有什么差别？

5）根据上述分析，写出客户主机再次获取相同 Web 所捕获的数据包的流程。

10.5 总结

本项目的操作过程很简单，重点在于对协议的综合分析。在获取数据包以后要学会通过捕获的数据包了解协议之间的协作关系，了解各协议的使用场景，以及在数据发送过程中不同层协议之间的工作顺序。整个访问过程中协议的使用顺序如图 10-5 所示。

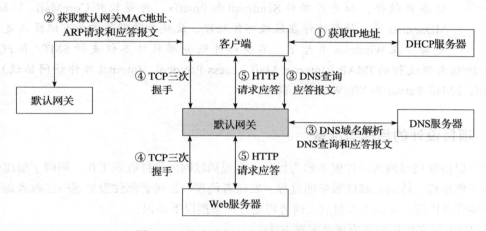

图 10-5 整个访问过程中协议的使用顺序

第 11 章
综合设计项目 3：基于 SMTP 和 POP3 的邮件服务器的搭建

为了便于邮件服务器的安装和维护，各组织和厂商相继开发了众多的邮件服务器软件，如开源软件 Sendmail 和 Postfix，付费软件 CoreMail、U-Mail、MDaemon 等。付费软件在垃圾邮件处理、反病毒管理等方面可以提供更好的支持。在 Windows 平台下，不少邮件服务器软件不仅支持 SMTP 和 POP3，而且支持越来越流行的 IMAP（Internet Mail Access Protocol，Internet 邮件访问协议），如 Winmail、hMail-Server 和 WinWebMail 软件。

11.1 项目设计的目标与准备

本章以搭建局域网的邮件服务器为目的，实现局域网的邮件收发工作，同时了解邮件服务器的工作原理，特别是邮件服务的过程：发送者代理→发送者邮件服务器→接收者邮件服务器→接收者代理。完成本项目后，读者将更好地掌握以下知识：

1）DNS 域名解析服务原理及配置方法。
2）SMTP 服务原理及配置方法。
3）POP 服务原理及配置方法。

本项目要在服务器中配置 DNS、SMTP 及 POP3 的服务，因此，读者需要了解下面相关知识：

1）DNS 协议的工作原理。
2）SMTP 的工作原理。
3）POP3 的工作原理。

提示：本项目建议课时为 3 课时。

11.2 项目平台与工具

1. 实验平台
Windows Server 2008 R2 SP1

2. 实验工具
Foxmail、VisendoSMTPExtender_x64

11.3 项目设计的基本原理

1. 邮件服务的基本过程

用户 A 向用户 B 发送邮件时，邮件服务的基本过程如图 11-1 所示。

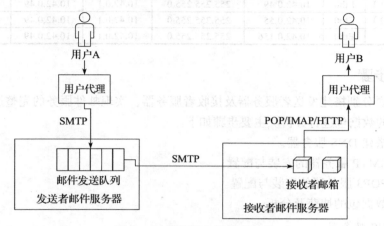

图 11-1　邮件服务的基本过程

1）用户 A 通过用户代理（如 Foxmail）向邮件服务器 A 发送邮件，此时使用 SMTP。

2）邮件服务器 A 判断收件地址是否属于该邮件服务器所辖范围。若收件地址属于邮件服务器 A，则邮件服务器 A 将邮件送到发送队列，等待被发送。发送者的邮件服务器将邮件从邮件的消息队列通过 SMTP 发送到接收者的邮件服务器的邮箱中存储起来。

3）用户 B 通过用户代理向自己的邮件服务器利用 POP/IMAP/HTTP 协议将邮件从邮箱中取回。

2. 拓扑结构

本项目要首先搭建 DNS 服务器，然后搭建 SMTP 服务器进行邮件发送，最后搭建 POP3 服务器，接收邮件。局域网邮件服务器搭建的拓扑图如图 11-2 所示，设备的 IP 地址如表 11-1 所示。

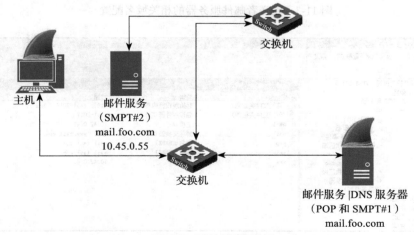

图 11-2　局域网拓扑图

表 11-1 局域网内主机配置情况一览表

设备	接口	IP 地址	子网掩码	默认网关	DNS	备注
DNS 服务器	Eth0	10.42.0.49	255.255.255.0	10.42.0.1	10.42.0.49	无
POP 服务器	Eth0	10.42.0.49	255.255.255.0	10.42.0.1	10.42.0.49	无
SMTP 服务器（#1）	Eth0	10.42.0.49	255.255.255.0	10.42.0.1	10.42.0.49	mail.test.com
SMTP 服务器（#2）	Eth0	10.42.0.55	255.255.255.0	10.42.0.1	10.42.0.49	mail.foo.com
测试主机	Eth0	10.42.0.156	255.255.255.0	10.42.0.1	10.42.0.49	无

11.4 设计步骤

本项目需要分别搭建发送者服务器及接收者服务器，实现邮件服务的完整过程，并能够捕获不同阶段的数据包进行分析。主要步骤如下。

第一步：搭建 DNS 服务器。
第二步：SMTP 服务器的安装与配置。
第三步：POP3 服务器的安装与配置。
第四步：数据包的捕获及分析。

1. 搭建 DNS 服务器

DNS 服务器的搭建方法详见 5.3 节，mail.foo.com 主机为发送者的邮件服务器域名，mail.test.com 为接收者的邮件服务器域名，配置结果如图 11-3 和图 11-4 所示。

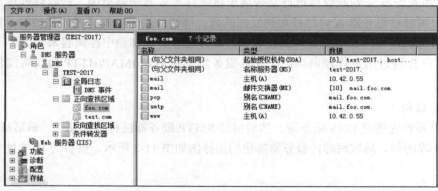

图 11-3 发送者邮件服务器的相关域名配置

图 11-4 接收者的邮件服务器域名相关配置

2. SMTP 服务器的安装与配置

在 Windows Server 操作系统下，选择"开始"→"管理工具"选项，打开服务器管理器。右击"服务器管理器"→"添加功能"选项，在弹出的"功能选择框"中勾选"SMTP 服务器"复选框，单击"下一步"按钮，进入图 11-5 所示的界面，单击"添加必需的角色服务"按钮。

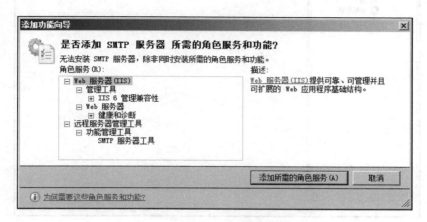

图 11-5 添加 SMTP 功能界面

单击"下一步"按钮，在随后出现的安装向导中单击"安装"按钮，安装完成以后，弹出图 11-6 所示的信息提示框，表示 SMTP 服务安装完成。

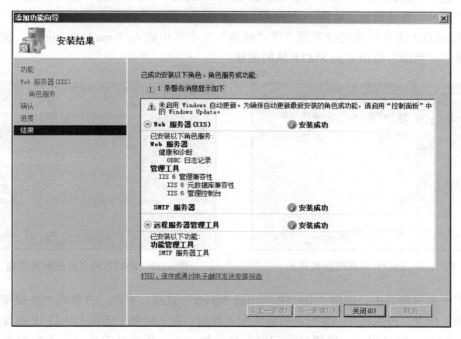

图 11-6 SMTP 服务添加完成提示界面

在 Windows Server 操作系统下，选择"开始"→"管理工具"选项，打开服务器管理器，进入 SMTP 服务管理界面，单击"+"图标展开 SMTP 服务菜单，如图 11-7 所示。

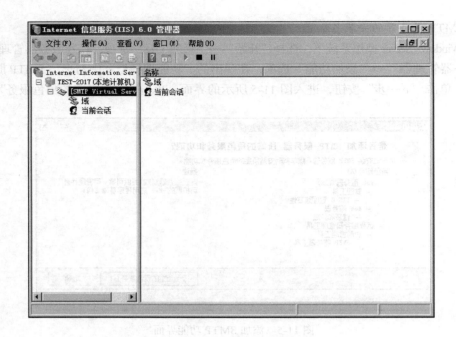

图 11-7　SMTP 服务管理界面

选择"域"选项，右击，在弹出的快捷菜单中选择"新建"命令，在弹出的对话框中选择"域"选项以新建 SMTP 服务虚拟域。在 SMTP 域新建别名界面的"指定域类型"选项组中选中"别名"单选按钮，如图 11-8 所示，再单击"下一步"按钮。

进入 SMTP 域名名称配置界面，在"域名"文本框中输入"mail.test.com"，如图 11-9 所示，单击"完成"按钮完成 SMTP 域的创建。

图 11-8　SMTP 域新建别名界面

图 11-9　SMTP 域名名称配置界面

在服务器管理器中，选中"SMTP Virtual Server"选项，右击，在弹出的快捷菜单中选择"属性"命令，进入图 11-10 所示的属性配置界面。在"常规"选项卡中将 IP 地址设置为"所有未分配"，并且勾选"启用日志记录"复选框，在"活动日志格式"下拉列表中选择"W3C 扩展日志文件格式"选项。

选择"访问"选项卡，单击"认证"按钮，在弹出的"身份验证"对话框中勾选"匿名访问"复选框，如图 11-11 所示，单击"确定"按钮，完成身份验证配置。

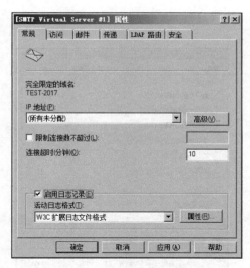
图 11-10　SMTP 属性常规设置界面

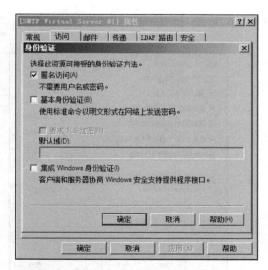
图 11-11　SMTP 服务访问设置界面（1）

在"访问"选项卡中，单击"连接"按钮，在弹出的"连接"对话框中选中"仅以下列表"单选按钮，并单击"添加"按钮，进入图 11-12 所示的界面。

在图 11-12 所示的界面中配置一组计算机的网络号及子网掩码，单击"确定"按钮回到"连接"对话框，如图 11-13 所示，最后单击"确定"按钮。

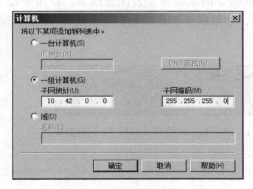
图 11-12　SMTP 服务访问设置界面（2）

图 11-13　SMTP 服务访问设置界面（3）

回到"访问"选项卡，对"中继"属性进行配置，配置"中继"的目的是防止搭建的邮件服务器被用来传递远程邮件。单击"中继"按钮，在弹出的"中继限制"对话框中选中"仅以下列表"单选按钮，接着单击"添加"按钮，在弹出的对框中输入网络号及子网掩码。"中继限制"对话框的配置如图 11-14 的配置。

选择"邮件"选项卡，保持默认配置，如图 11-15 所示。

选择"传递"选项卡，对重试时间进行配置，如

图 11-14　SMTP 服务访问设置界面（4）

图 11-16 所示。

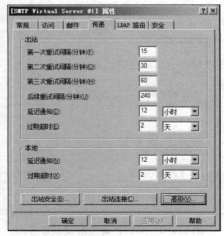

图 11-15　SMTP 服务邮件设置界面　　图 11-16　SMTP 服务传递设置界面（1）

在高级传递设置界面中，将"完全限定的域名"修改为在 DNS 服务器中配置好的别名，如图 11-17 所示。

至此，接收者的 SMTP 服务配置完成。按相同的方法配置发送者的 SMTP 邮件服务器。

SMTP 服务器配置完成以后，可以通过 telnet 命令测试服务是否配置成功。在命令行中输入"telnet smtp.test.com 25"，如图 11-18 所示，如果服务配置成功，则出现图 11-19 所示的界面。

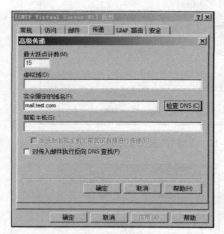

图 11-18　Telnet 请求 SMTP 服务初始界面

图 11-17　SMTP 服务传递设置界面（2）　　图 11-19　Telnet 请求 SMTP 服务成功界面

3. POP3 服务器的安装与配置

安装好 Visendo SMTPExtender_x64，然后以管理员身份运行。单击"Start"按钮，启动 POP3 服务，如图 11-20 所示。

选择"Settings"→"Accounts"选项，右击，在弹出的快捷菜单中选择"New Account"命令，进入新建邮件用户界面，如图 11-21 所示。

第 11 章 综合设计项目 3：基于 SMTP 和 POP3 的邮件服务器的搭建   179

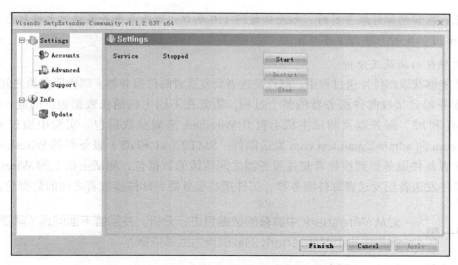

图 11-20   VisendoSMTPExtender 启动初始界面

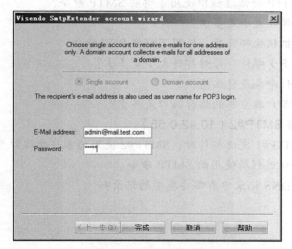

图 11-21   VisendoSMTPExtender 新建邮件用户界面

在局域网内另一台主机上通过 telnet 命令检查是否成功，如图 11-22 所示，这里的另一台主机的具体 IP 地址是主机描述中的"测试主机"。

图 11-22   Telnet 请求 POP3 服务初始界面

如果出现图 11-23 所示的界面，则表明 POP3 服务开启成功。

图 11-23   Telnet 请求 POP3 服务成功界面

提示：在访问邮件服务器时，如无法访问110端口，则检查服务器端防火墙状态。
Foxmail的配置方法详见5.4节。

4. 数据包的捕获及分析

为了能够获取邮件发送过程中，邮件发送者到发送者邮件服务器、邮件服务器之间以及发送邮件服务器到接收邮件服务器的整个过程，需要在不同主机捕获数据包。因此，需要在SMTP（#1和#2）服务器及测试主机上打开Wireshark来捕获数据包。实验中通过admin@mail.foo.com向admin@mail.test.com发送邮件。SMTP（#1和#2）服务器的Wireshark用于捕获发送者邮件服务器到接收者邮件服务器之间传输的数据包，测试主机上的Wireshark用于捕获邮件发送者到发送者邮件服务器、邮件接收服务器到邮件接收者之间的数据包。

> **想一想** 对从Wireshark中截获的数据包进行分析，并回答下面问题（需要在实验报告中附上Wireshark的截图作为回答依据）：

发送主机（10.42.0.156）

1）发送方发送SMTP会话过程中使用了哪些SMTP命令？
2）发送方发送的邮件大小是多少？
3）在发送邮件主机接收邮件时，使用了哪些POP命令？
4）接收者邮箱有多少邮件？每封邮件大小是多少？
5）POP中的UIDL命令是什么意思？
6）接收邮件时，客户端主机的临时端口是多少？

发送者邮件服务器SMTP#2（10.42.0.55）

1）SMTP#2向SMTP#1发送邮件时，SMTP#2使用的客户端端口号是多少？
2）列出SMTP会话过程所使用的SMTP命令。
3）SMTP获取的DNS记录中有哪些类型的记录？

11.5 总结

本项目整体比较复杂，对DNS服务器配置及相关解析有较高要求，需要知道一台主机提供邮件服务需要做什么解析，以及在该实验环境下POP3服务的配置，这里需要借助外部软件。通过本项目，能够清楚地认识DNS、SMTP、POP3等服务的工作流程，以及局域网网络环境和服务器防火墙的设置，并能够独立地完成小型企业邮件服务器的搭建。

第 12 章
综合设计项目 4：
网络爬虫的设计和实现

随着网络信息量爆炸式地增长，在海量数据中获取有效数据已经成为信息加工处理的基础。网络爬虫可以实现对网络数据的自动收集和信息筛选，这些网络数据经过进一步处理可以应用于搜索引擎、自然语言处理、大数据分析等方面。

但是，网络爬虫过于频繁地访问目标服务器将导致服务器资源快速消耗，甚至崩溃。在设计网络爬虫时，"不礼貌"的爬虫行为将成为 Web 服务器的负担，所以编写网络爬虫时必须遵循一定的规则，例如，每秒请求数量不宜超过 10 次，避免高峰时段爬取网页等。

12.1 项目设计目标与准备

本章将实现一个简单的聚焦网络爬虫，定点爬取百度百科中的网页信息，并从网页中根据要求提取结构化信息，目的是要求学生熟悉网络爬虫的工作原理及从网页信息抽取所需要的技术。完成本项目后，读者将更好地掌握以下知识点：

1）Python 的编程技术。
2）爬虫的工作原理及设计方法。
3）网页信息抽取的方法。

本项目要求利用 Python 语言编写网络爬虫，并且能够自动提取页面的超链接，使爬虫持续不断地爬取，同时对于爬取的页面能够根据要求自动抽取出结构化信息，因此在开始项目前需要了解下面相关知识：

1）网络爬虫的工作原理。
2）Python 的编程方法。

提示：本项目建议的课时为 2 课时。

12.2 项目平台与工具

1. 实验平台

Windows / Linux / Mac OS 均可

2. 实验工具

Python3.5、文本编辑器

12.3 项目设计的基本原理

1. 网络爬虫的基本概念

网络爬虫（常称为 Spider）是按照一定规则，通过一个或若干个 URL 入口，自发地从网络上获得网页内指定内容的一类程序。一个基本的爬虫程序包含网页下载模块、网页解析模块、URL 管理模块三部分，如图 12-1 所示。为了避免对抓取网站的负载过大和有效利用爬虫端的性能资源，还需要爬虫调度程序来监控爬虫程序，从而实现网络爬虫的启动、运行和停止。

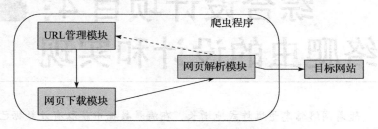

图 12-1　网络爬虫的基本构成

2. 网络爬虫的工作原理

网络爬虫是把 URL 地址中指定的网络资源从网络流中读取出来，保存到本地，然后从爬取到本地的网页中抽取出新的 URL，加入队列，进行下一步的爬取工作。因此，网络爬虫实质上是模拟用户浏览页面的过程，它把 URL 作为 HTPP 请求的内容发送到服务器端，然后读取服务器端的响应资源。网络爬虫的工作过程如图 12-2 所示。爬虫调度程序主要包含待爬取队列、已爬取队列及错误 URL 队列。待爬取队列是爬虫需要爬取网页的 URL；已爬取队列是包含已经爬取过的网页的 URL；错误 URL 队列是在根据获取的 HTTP 响应报文的状态码来判断，不能正确获取页面的 URL。

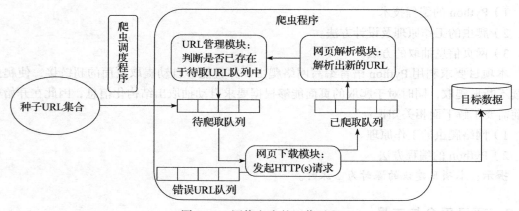

图 12-2　网络爬虫的工作过程

爬虫程序运行的步骤如下：

1）选取一部分 URL 作为种子集合，将这些 URL 加入待爬取队列。

2）网页下载模块从待爬取队列中以 FIFO 的顺序从队列中选择 URL，构造 HTTP(s) 请求，发送给主机。

3）将 HTTP 响应报文中的实体部分以文件形式保存到本地，并且使用网页解析模块将响应报文中实体部分所包含的 URL 信息提取出来，然后 URL 管理模块判断提取的 URL 是否在已爬取队列或者错误 URL 队列，如果没有则将其加入待爬取队列。

4）重复第 2 至 3 步，直到待取队列为空。

3. 反爬虫策略

网络爬虫是一个自动提取网页的程序，它能够从万维网上下载网页，但是网络爬虫在获取网页时会在短时间内发出大量 HTTP 请求，导致服务器带宽都被占用，影响正常用户访问；同时当网络爬虫被滥用后，互联网上就出现太多同质的东西，原创得不到保护。于是，很多网站开始反网络爬虫，想方设法保护自己的网页信息。

Robots 协议称为"网络爬虫排除标准"（Robots Exclusion Protocol），网站通过 Robots 协议告诉搜索引擎可以抓取哪些页面，不能抓取哪些页面。Robots 协议是由 Martijn Koster 在 1994 年 2 月，于 Nexor 工作期间在 www-talk 邮件列表中提出的。该协议提出后，Koster 的服务器甚至遭到了反对者的拒绝服务攻击。而该协议迅速成为事实上的标准，为大多数人所接受。当一个网络爬虫访问一个站点时，应该首先检查该站点根目录下是否存在 robots.txt，如果存在，则搜索机器人会按照该文件中的内容来确定访问的范围；如果该文件不存在，则所有的搜索蜘蛛将能够访问网站上所有没有被口令保护的页面。

京东的 robots.txt 文件内容（https://www.jd.com/robots.txt）：

```
User-agent: *
Disallow: /?*
Disallow: /pop/*.html
Disallow: /pinpai/*.html?*
User-agent: EtaoSpider
Disallow: /
User-agent: HuihuiSpider
Disallow: /
User-agent: GwdangSpider
Disallow: /
User-agent: WochachaSpider
Disallow: /
```

为了保证能够通过网络爬虫有效获取页面，可以采取下面的反爬虫策略。

1）限制请求头：由于许多爬虫程序的请求头默认为 python-requests，服务器可针对请求头格式拒绝爬虫程序的抓取。

解决方案：可通过修改请求头为搜索引擎的爬虫程序解决。

2）限制 IP：在某一段时间内访问数量超过网站自身访问限制，服务器会拒绝来自该 IP 之后的访问请求，如 GoogleScholar 等。

解决方案：可通过控制访问频率、使用 IP 池或进行分布式爬取绕过对 IP 的限制。

3）限制 Cookies：对于需要登录的网站，同一用户访问频率超过网站自身访问限制，用户的后续访问会被限制，如微博、知乎等。

解决方案：可通过控制访问频率或使用账户组绕过对 Cookies 的限制。

4）验证码：同一用户访问次数过高后，请求会跳转到验证码验证页面，正确输入验证码后才能访问正常请求的页面。

解决方案：可通过第三方库或其他图像识别方法识别出验证码，完成验证。

5）异步加载：浏览器可以执行 JavaScript 获取数据，并修改 DOM 属性，使数据正常呈现给用户。而一般的爬虫程序没有执行 JavaScript 的能力，因此可以通过此策略设计反爬虫策略。

解决方案：可使用如 HtmlUnit 的第三方包模拟浏览器进行操作。

4. 网络爬虫的编程方法

爬虫程序包括 URL 管理模块、网页下载模块及网页解析模块。网页下载模块主要利用 Urllib 库实现，网页解析模块主要使用三种方法：正则表达式、Beautiful Soup[①]（本实验使用）和 lxml[②]。

12.4 设计步骤

下面以获取百度百科内"计算机"词条正文内的一百个链接为例来说明网络爬虫的编写方法，并且以获取的页面为例说明网页信息结构化的方法。主要步骤如下。

第一步：安装第三方库。
第二步：URL 调度程序。
第三步：URL 管理模块。
第四步：网页下载模块。
第五步：URL 解析模块。
第六步：信息抽取模块。

1. 安装第三方库

Python 3 安装成功后，在命令行输入 pip 和需要安装的第三方包的名字，即可自动安装，需要安装的程序包有 requests[③]（Python 的 HTTP 库）和 beautifulsoup，如图 12-3 所示。

图 12-3　第三方库的安装过程

2. URL 调度程序

URL 调度程序的任务是完成爬虫程序内各模块的启动和管理，完成各模块间参数的传递，控制网络爬虫的入口和终止。调度程序如代码 12-1 所示。

代码 12-1

```
import ssl
import url_manager, html_downloader, html_parser
class SpiderMain(object):
    def __init__(self):
        self.urls = url_manager.url_manager()    # URL 管理器
        self.downloader = html_downloader.html_downloader()  # HTML 下载器
        self.urlparser = html_parser.html_parser()   # HTML 解析器
    def craw(self, root_url):
        count = 1    # 当前爬取 URL
```

[①] https://www.crummy.com/software/BeautifulSoup。
[②] http://lxml.de。
[③] http://www.python-requests.org/en/master。

```python
            self.urls.add_new_url(root_url)  # 添加入口 URL
            # 当有新的 URL 时
            while self.urls.has_new_url():
                try:
                    new_url = self.urls.get_new_url()  # 从 URLs 获取行的 URL
                    html_cont = self.downloader.download(new_url)
                    # 调用下载模块，下载 URL 页面
                    new_urls, new_data = self.urlparser.parse(new_url, html_cont)
                    # 调用解析模块解析，解析页面
                    self.urls.add_new_urls(new_urls)  # 添加批量 URL
                    # 爬虫终止条件
                    if count == 100:
                        break
                    count += 1
                except Exception as e:
                    print('craw failed--', e)
if __name__ == "__main__":
    ssl._create_default_https_context = ssl._create_unverified_context
    # 入口 URL
    root_url ="https://baike.baidu.com/item/%E8%AE%A1%E7%AE%97%E6%9C%BA/140338?fr=aladdin"

    obj_spider = SpiderMain()
    obj_spider.craw(root_url)
```

3. URL 管理模块

URL 管理模块用于对爬取队列中的 URL 进行更新，如代码 12-2 所示。

代码 12-2

```python
class url_manager(object):
    def __init__(self):
        self.new_urls = set()
        self.old_urls = set()
    # 添加单个 URL
    def add_new_url(self, url):
        if url is None:
            return
        # 全新的 URL
        if url not in self.new_urls and url not in self.old_urls:
            self.new_urls.add(url)
    # 判断队列中是否有新的未爬取 URL
    def has_new_url(self):
        return len(self.new_urls) != 0

    # 获取新的 URL
    def add_new_urls(self, urls):
        if urls is None or len(urls) == 0:
            return
        for url in urls:
            self.add_new_url(url)

    # 添加批量 URLs
    def get_new_url(self):
        new_url = self.new_urls.pop()
        self.old_urls.add(new_url)
        return new_url
```

4. 网页下载模块

网页下载模块主要利用 urllib 库中的 urllib.request.urlopen(url) 方法去获取 URL 对应的页面信息，如代码 12-3 所示。

代码 12-3

```
def _get_new_urls(self, page_url, soup):
    new_urls = set()
    # 通过 soup.find 方法和正则表达式取得新 URL 中的字段
    links = soup.find_all(target='_blank', href=re.compile("/item/"))
    # 拼接出新的待爬取 URL
    for link in links:
        new_url = link['href']
        new_full_url = urllib.parse.urljoin(page_url, new_url)
        new_urls.add(new_full_url)
    return new_urls
```

5. URL 解析模块

虽然页面中的 URL 都存在于 <a> 和 </a> 标签之间，但是网页中的有些 URL 是无用的。为此，在 URL 解析模块中应该根据待爬取的需求对获取页面的代码进行分析，如图 12-4 所示。

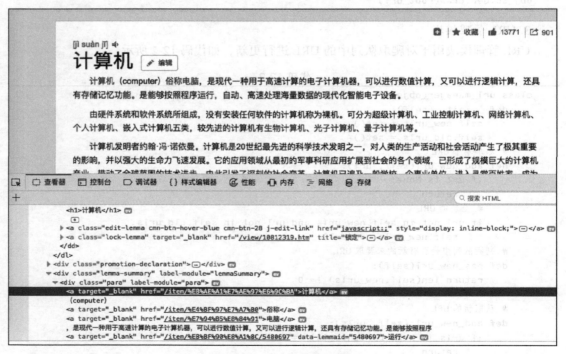

图 12-4 网页的结构图

从图 12-4 可以发现网页的下一级入口 target = "_blank" 且 href 包含 item，因此 URL 解析代码如 12-4 所示。

代码 12-4

```
def _get_new_urls(self, page_url, soup):
```

```python
    new_urls = set()
    # 通过 soup.find 方法和正则表达式取得新 URL 中的字段
    links = soup.find_all(target='_blank', href=re.compile("/item/"))
    # 拼接出新的待爬取 URL
    for link in links:
        new_url = link['href']
        new_full_url = urllib.parse.urljoin(page_url, new_url)
        new_urls.add(new_full_url)
    return new_urls
```

6. 信息抽取模块

网络爬虫爬取信息以后，需要从内容页面抽取所需要的结构化数据信息，首先要确定页面中需要抽取的内容，然后分析页面的结构特点。在设计中，我们要求抽取网页的标题、点赞量及转发量。分析页面代码以后发现：标题属于 h1 标签，点赞量 span class="vote-count"，转发量 class="share-count"。网页信息抽取代码如代码 12-5 所示。

代码 12-5

```python
def _get_new_data(self,page_url, soup):
    res_data ={}
    res_data['url'] = page_url
    textdata = [0 for i in range(4)]
    # 获得 URL
    textdata[0] = page_url
    # 获得标题
    title_node = soup.find('dd', class_="lemmaWgt-lemmaTitle-title").find("h1").text
    textdata[1] = title_node
    # 获得点赞量
    vote_node = soup.find("span", class_="vote-count").text
    textdata[2] = vote_node
    # 获得转发量
    share_node = soup.find(id="j-topShareCount").text
    textdata[3] = share_node
    # 输出结果
    print('[', textdata[0], ',', textdata[1], ',', textdata[2], ',', textdata[3], ']')
    return res_data
```

程序执行结果如图 12-5 所示。

图 12-5　程序执行

12.5　总结

本项目主要介绍如何通过 Python 设计并实现网络爬虫的基本功能，由于爬虫调度程序的调度算法比较复杂，所以实验过程中并未涉及复杂的调度算法，只是使用 FIFO 方法。要想模拟用户访问页面，网络爬虫还涉及模拟登录、翻页等功能。Web 包含的信息丰富多样，但是从网页中抽取有用的信息才是网络爬虫的最终目的。本章所涉及的代码可参考附录。

参 考 文 献

［1］ James F Kurose, Keith W Rose.计算机网络——自顶向下方法［M］.北京：高等教育出版社，2016.

［2］ 谢希仁.计算机网络［M］.7版.北京：电子工业出版社，2017.

［3］ 吴功宜.计算机网络［M］.3版.北京：清华大学出版社，2011.

［4］ 张建忠，徐敬东.计算机网络实验指导书［M］.3版.北京：清华大学出版社，2013.

［5］ Cisco Networking Academy. Packet Tracer – Configuring VPNs (Optional)［OL］. http://courses.cs.ut.ee/MTAT.08.004/2017_spring/uploads/Main/37_1.pdf.

［6］ Cisco Networking Academy. Packet Tracer 5 使用手册［OL］. http://www.go-gddq.com/down/2011-12/11120906454812.pdf.

［7］ Cisco IOS Software Releases 12.1 Mainline. Understanding the Ping and Traceroute Commands［OL］. http://www.cisco.com/c/en/us/support/docs/ios-nx-os-software/ios-software-releases-121-mainline/12778-ping-traceroute.html.

［8］ Visendo Company. Visendo SMTP Extender manual (EN)［OL］. http://www.visendo.com/download/visendosmtpextender/docs/VisendoSmtpExtender_manual_EN.pdf.

［9］ J Klensin. Simple Mail Transfer Protocol, IETF RFC 5321［OL］. www.rfc-editor.org/rfc/rfc5321.txt.

［10］ R Gellens.POP URL Scheme, IETF RFC 2384［OL］. www.rfc-editor.org/rfc/rfc2384.txt.

［11］ J Klensin. DOMAIN NAMES - IMPLEMENTATION AND SPECIFICATION, IETF RFC 1035[OL］. www.rfc-editor.org/rfc/rfc1035.txt.

［12］ J Postel.Internet control message protocol, IETF RFC 792［OL］. www.rfc-editor.org/rfc/rfc792.txt.

［13］ D L Mills. Internet Delay Experiments, IETF RFC 889［OL］. www.rfc-editor.org/rfc/rfc889.txt.

［14］ P Srisuresh,K Egevang. Traditional IP network address translator (Traditional NAT), IETF RFC 3022［OL］. www.rfc-editor.org/rfc/rfc3022.txt.

［15］ P Srisuresh,K Egevang.Traditional IP network address translator (Traditional NAT), IETF RFC 3022［OL］. www.rfc-editor.org/rfc/rfc3022.txt.

［16］ D McPherson, B Dykes.VLAN Aggregation for Efficient IP Address Allocation, IETF RFC 3069［OL］. www.rfc-editor.org/rfc/rfc3069.txt.

［17］ P Mockapetris.DOMAIN NAMES - CONCEPTS and FACILITIES, IETF RFC 882［OL］. www.rfc-editor.org/rfc/rfc882.txt.

［18］ R Droms. Dynamic Host Configuration Protocol, IETF RFC 2131［OL］. www.rfc-editor.org/rfc/rfc2131.txt.

互联网资源

1）华为企业网络·高端路由器信息中心：

http://support.huawei.com/onlinetoolsweb/ptmngsys/Web/NE/bookshelf.html

2）思科产品与解决方案资源中心：

https://www.cisco.com/c/m/zh_cn/offers/solutions/index.html?POSITION=Title&COUNTRY_SITE=CN&CAMPAIGN=DG&CREATIVE=Brandzone&REFERRING_SITE=baidu&CCID=cc000292&DTID=psebdu000360

3）华为交换机文档中心：

https://support.huawei.com/enterprise/zh/doc/category/switch-pid-1482605678974

4）Learn Wireshark：

https://www.wireshark.org/#learnWS

5）思科网络学院：

https://www.netacad.com

6）Network address translation：

http://en.wikipedia.org/wiki/Network_address_translation

7）Java 网络编程客户端 Socket：

https://blog.csdn.net/sinat_24229853/article/details/51997428

附录　参考答案

第5章

5.1 节

 1）浏览器和服务器所运行的 HTTP 版本号是多少？

```
345 19.626834   10.42.0.10      202.115.32.83 HTTP   425 GET / HTTP/1.1
359 19.634982   10.42.0.10      202.115.32.83 HTTP   372 GET /cs/inc/appvar.js HTTP/1.1
360 19.635595   10.42.0.10      202.115.32.83 HTTP   377 GET /cs/inc/appfunction.js HTTP/1.1
362 19.636845   202.115.32.83   10.42.0.10    HTTP   421 HTTP/1.1 200 OK  (text/javascript)
372 19.637704   202.115.32.83   10.42.0.10    HTTP   866 HTTP/1.1 200 OK  (text/javascript)
392 19.641708   202.115.32.83   10.42.0.10    HTTP   915 HTTP/1.1 200 OK  (text/html)
```

答：浏览器和服务器运行的 HTTP 版本号均为 HTTP 1.1，从 HTTP 请求报文中可以找到浏览器的 HTTP 版本号，从 HTTP 的响应报文中可以得到服务器的 HTTP 版本号。

2）浏览器支持的语言类型在哪里可以查看？当前截获的数据包的浏览器所支持的语言类型是什么？

```
Accept-Language: zh-CN,zh;q=0.8\r\n
```

答：浏览器所支持的语言类型是 zh-CN,zh; q=0.8\r\n。zh-cn 表示简体中文；zh 表示中文；q 是权重系数，范围为 $0 \leq q \leq 1$，q 值越大，表示服务器优先返回 zh-cn 所支持的语言。

3）浏览器支持的压缩方式在哪里可以查看？当前截获的数据包的浏览器所支持的压缩方式是什么？

```
Accept-Encoding: gzip, deflate, sdch\r\n
```

答：支持采用 gzip、deflate 或 sdch 压缩过的资源。

4）浏览器支持的 MIME 类型是什么？

```
Accept: text/html,application/xhtml+xml,application/xml;q=0.9,image/webp,*/*;q=0.8\r\n
```

答：浏览器支持的 MIME 类型分别是 text/html、application/xhtml+xml、application/xml 和 */*，优先顺序是它们从左到右的排列顺序。

5）通过什么信息可以判断服务器是否成功返回客户端所需要的信息？

```
421 HTTP/1.1 200 OK  (text/javascript)
866 HTTP/1.1 200 OK  (text/javascript)
915 HTTP/1.1 200 OK  (text/html)
```

答：成功返回浏览器所需对象，从服务器返回的状态码及状态短语 200OK 可以判断。

6）如图 5-19 所示，在这个响应报文中，服务器返回对象最后修改的时间是多少？服务器返回给浏览器的内容共多少字节？

答：确定最后修改的时间，要查看响应报文的 Last-Modified 字段，即 Mon, 27 Mar 2017 01:22:50 GMT ；由 Content-Length:384810 标题行可以发现返回的内容总字节，即 38410 字节。

7）浏览器和服务器之间采用持久连接还是非持久连接的方式工作？如何从截获的数据包中进行判断？

浏览器请求报文：

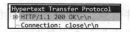

服务器响应报文：

答：浏览器请求服务器保持连接，而服务器要求连接关闭，在浏览器和服务器中，有一方为 Connection：close，双方就只能采用非持久方式工作。

1）浏览器向服务器发出的第一个 HTTP GET 请求报文，该请求报文中是否有 If-Modified-Since 标题行？为什么？

答：没有。该字段用于浏览器的缓存机制，因为主机第一次向服务器发出请求内容，所以不会发出 if-Modified-Since。

2）浏览器第二次向服务器发出的 HTTP GET 请求报文，该请求报文中是否有 If-Modified-Since 标题行？为什么？

答：有。后面跟的信息是上次响应报文中的 Last-Modified 的信息。

3）服务器对第二次相同的 HTTP GET 请求的响应报文中的 HTTP 状态码是多少？服务器是否明确返回了文件的内容？请解释原因。

答：状态码是 304，状态短语是 Not Modified，这表示缓存器中的对象没有过期。第二次没有明确返回文件的内容，因为第二次只是作为对该条件 GET 的响应。

5.2 节

1）客户端在发送 FTP 报文之前，从 Wireshark 首先截获了什么数据包？为什么会是这样的数据包？

2599 18.299189	10.132.48.21	121.48.227.28	TCP	78 59922 → 21 [SYN] Seq=0 Win=65535 Len=
2600 18.303819	121.48.227.28	10.132.48.21	TCP	74 21 → 59921 [SYN, ACK] Seq=0 Ack=1 Win
2603 18.304255	10.132.48.21	121.48.227.28	TCP	66 59922 → 21 [ACK] Seq=1 Ack=1 Win=1312
2604 18.305377	10.132.48.21	121.48.227.28	FTP	80 Request: USER ftptest

答：首先截获的是 TCP 的三次握手的数据包，建立 TCP 连接以后才能发送应用层 FTP 的数据信息（还有可能捕获 ARP 数据包）。

2）客户端和服务器进行三次握手建立连接分别在什么端口？

2599 18.299189	10.132.48.21	121.48.227.28	TCP	78 59922 → 21 [SYN] Seq=0 Win=65535 Len=
2600 18.303819	121.48.227.28	10.132.48.21	TCP	74 21 → 59921 [SYN, ACK] Seq=0 Ack=1 Win
2603 18.304255	10.132.48.21	121.48.227.28	TCP	66 59922 → 21 [ACK] Seq=1 Ack=1 Win=1312
2604 18.305377	10.132.48.21	121.48.227.28	FTP	80 Request: USER ftptest

答：客户端用 59922 端口去主动连接服务器的 21 端口。

3）当服务器和客户端要打开数据连接的时候，会发送什么数据包信息？通过信息如何计算数据连接的客户端端口号？

2737 18.416762	10.132.48.21	121.48.227.28	FTP	92 Request: PORT 10,132,48,21,234,22
2739 18.420818	10.132.48.21	121.48.227.28	TCP	66 59926 → 20 [SYN, ACK] Seq=0 Ack=1 Win=65535 Len=0 MSS=1460 WS=32 SACK_PE

答：发送 PORT 命令，并根据 port 信息"10, 132, 48, 21, 234, 22"的后两位来告知数据连接的端口号，计算方法：234×256+22=59926。

4）数据包信息如图 5-28 所示，试计算从开始传送文件到最后文件结束所需要花费的时间。

答：从 22.936285 开始传送文件信息，到 26.502241 结束，共花费计算时间 3.565956。

5）整个 FTP 会话过程使用了哪些命令？服务器和客户端之间会打开数据连接？

答：list 和 mget 命令都打开了数据连接。

5.3 节

1）在捕获 ping 命令的 ICMP 报文之前，从客户端主机发送了什么类型的应用层报文？

79 3.060978	192.168.1.155	192.168.1.199	DNS	72 Standard query 0x56d8 A www.test.com
80 3.061825	192.168.1.199	192.168.1.155	DNS	88 Standard query response 0x56d8 A www.test.com A 192.168.1.199

答：捕获了 DNS 的查询和应答报文。

2）DNS 报文封装在 UDP 报文中，还是封装在 TCP 报文中？

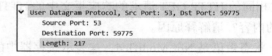

答：封装在 UDP 报文中，并使用了 UDP 的 53 端口提供服务。

3）在解析 www.test.com 域名时，服务器用什么类型的资源记录作为应答报文返回给客户端？

答：服务器使用 A 类型的资源记录将 www.test.com 域名对应的 IP 地址反馈给服务器。

4）在进行别名 www1.test.com 域名解析时，服务器返回什么类型的资源记录？

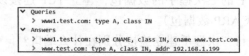

答：服务器返回了两条资源记录，即 CNAME 和 A 类型的资源记录，分别得到别名对应的标准名及标准名对应的 IP 地址。

5）通过 nslookup 命令反向解析 IP 地址对应的域名时，服务器返回什么类型的资源记录？

```
▼ Queries
    > 199.1.168.192.in-addr.arpa: type PTR, class IN
▼ Answers
    > 199.1.168.192.in-addr.arpa: type PTR, class IN, www.test.com
```

答：服务器返回了 PTR 指针类型的资源记录，将 IP 对应的标准名 www.test.com 返回给客户端。

5.4 节

1）客户端和邮件服务器建立 TCP 连接以后，客户端给服务器发出的第一个命令是什么？

```
199  5.559717       192.168.1.199        220.181.12.17       SMTP       74 C: EHLO nlp422-server
```

答：EHLO 命令，用于将客户端的主机名告诉服务器。

2）在捕获的数据包中找出客户端登录的账号和密码。客户端是否对用户账号和密码进行加密后传输给服务器？

```
205  5.616883       192.168.1.199        220.181.12.17       SMTP       66 C: AUTH LOGIN
209  5.673695       220.181.12.17        192.168.1.199       SMTP       72 S: 334 dXNlcm5hbWU6
210  5.681012       192.168.1.199        220.181.12.17       SMTP       84 C: User: dGVzdF8yMDE3X3NjdUAxNjMuY29t
212  5.737673       220.181.12.17        192.168.1.199       SMTP       72 S: 334 UGFzc3dvcmQ6
213  5.738002       192.168.1.199        220.181.12.17       SMTP       68 C: Pass: dGVzdDIwMTc=
216  5.807771       220.181.12.17        192.168.1.199       SMTP       85 S: 235 Authentication successful
```

答：账号和密码都是通过 Base64 编码以后发送给服务器的。

3）选择其中一条 SMTP 数据包记录，右击，在弹出的快捷菜单中选择"追踪流"→"TCP 流"命令，出现 SMTP 的会话过程。根据下面的会话过程回答问题：

① SMTP 会话过程使用了哪些 SMTP 命令？

答：EHLO、AUTH、MAIL FROM、RCPT TO、DATA。

②邮件同时传送了图片和文本信息，它们在 SMTP 数据中是如何区别的？

答：SMTP 使用 ------=_001_NextPart403044860238_=---- 作为分隔符把文本和图片作为邮件的多个组成部分。

③文本所使用的编码方式是什么？

答：Content-Transfer-Encoding: quoted-printable。

④图片所使用的编码方式是什么？

答：Base64。

⑤邮件的正文和图片是通过什么标记和标题行分割开的？

答：通过空行。

1）POP3 会话过程中的状态码是什么？

324	9.904902	123.125.50.29	192.168.1.199	POP	69 S: +OK core mail
325	9.905146	192.168.1.199	123.125.50.29	POP	69 C: PASS test2017
328	9.999405	123.125.50.29	192.168.1.199	POP	89 S: +OK 17 message(s) [93567 byte(s)]

答：POP3 的状态码只有两种：+OK 和 -ERR。

2）POP3 会话过程中的用户名和账号是明文传输还是加密传输？

319	9.865804	192.168.1.199	123.125.50.29	POP	82 C: USER test_2017_scu@163.com
324	9.904902	123.125.50.29	192.168.1.199	POP	69 S: +OK core mail
325	9.905146	192.168.1.199	123.125.50.29	POP	69 C: PASS test2017
328	9.999405	123.125.50.29	192.168.1.199	POP	89 S: +OK 17 message(s) [93567 byte(s)]

答：明文传输。

3）如图 5-56 所示，LIST 命令和 UIDL 命令的作用是什么？

答：LIST 命令用于列出邮箱的邮件列表和大小；UIDL 命令用于列出邮件的标识符。

第 6 章

6.1 节

1）从捕获的数据包中找出三次握手建立连接的数据包。

6.210548	121.48.228.89	202.115.32.82	TCP	66 56289 → 80 [SYN] Seq=0 Win=8192 Len=0 MSS=1460 WS=4 SACK_PERM=1
6.212218	202.115.32.82	121.48.228.89	TCP	66 80 → 56289 [SYN, ACK] Seq=0 Ack=1 Win=5840 Len=0 MSS=1456 SACK_PERM=1 WS=128
6.212235	121.48.228.89	202.115.32.82	TCP	54 56289 → 80 [ACK] Seq=1 Ack=1 Win=66976 Len=0

答：第一次握手数据包的特点是带有 [SYN] 信息，Seq 为 0。第二次握手是 [SYN, ACK]，第三次握手是 [ACK]。

2）从找到的三次握手数据包中观察，客户端协商的 MSS 为多少？客户端的接收窗口为多少？

```
Window size value: 8192
[Calculated window size: 8192]
Checksum: 0x4876 [unverified]
[Checksum Status: Unverified]
Urgent pointer: 0
▽ Options: (12 bytes), Maximum segment size, No-Ope
  > TCP Option - Maximum segment size: 1460 bytes
```

答：客户端协商的 MSS 为 1460 字节，接收窗口为 8192 字节。

3）服务器协商的 MSS 为多少？服务器端的接收窗口为多少？

```
> Flags: 0x012 (SYN, ACK)
  Window size value: 5840
  [Calculated window size: 5840]
  Checksum: 0xf12c [unverified]
  [Checksum Status: Unverified]
  Urgent pointer: 0
▽ Options: (12 bytes), Maximum segment size, No-Opera
  > TCP Option - Maximum segment size: 1456 bytes
```

答：服务器端协商的 MSS 为 1456 字节，接收窗口为 5840 字节。

附录 参考答案

4）在传输过程中，客户端和服务器传输数据时的 MSS 为多少？

> Data (1456 bytes)
>   Data: 485454502f312e3120323030204f4b0d0a436f6e6e656374...

答：MSS 为 1460 字节，在握手过程中通过协商以后，会选择最小的 MSS 作为 TCP 数据传输的 MSS。

5）说明在三次握手过程中数据包的序号、确认号、SYN 标志位、ACK 标志位的变化。

答：第一次握手：SYN=1，ACK=0，序号为 0（相对序号），确认号不起作用；

第二次握手：SYN=1，ACK=1，序号为 0（相对序号），确认号为 1（相对序号）；

第三次握手：SYN=0，ACK=1，序号为 1（相对序号），确认号为 1（相对序号）。

6）根据图 6-4 分析第四个数据包，客户端发送了什么数据给服务器？

答：第四个数据包表示客户端发送应用层的 HTTP 请求给服务器，应用层数据大小为 288 字节。

7）当客户端发送了 HTTP 请求报文以后，客户端收到服务器的 ACK 为多少？

| 6.215426 | 202.115.32.82 | 121.48.228.89 | TCP | 1510 80 → 56289 [ACK] Seq=1 Ack=289 Win=6912 Len=1456 |

答：ACK 为 289。

8）在捕获的数据包中是否有窗口更新报文？如果有，则说明在什么情况下会产生窗口更新报文。

| 6.216885 | 121.48.228.89 | 202.115.32.82 | TCP | 54 56289 → 80 [ACK] Seq=289 Ack=18697 Win=58696 Len=0 |
| 6.216974 | 121.48.228.89 | 202.115.32.82 | TCP | 54 [TCP Window Update] 56289 → 80 [ACK] Seq=289 Ack=18697 Win=66976 Len=0 |

答：在任何一方的 TCP 窗口发生变化的时候，都会主动发送窗口更新报文。在实验中，客户端的接收窗口从 58696 变为 66976 以后，发送了窗口更新报文。

9）从捕获的数据包中找到上次握手释放连接的数据包。

202.115.32.82	121.48.228.89	TCP	1277 80 → 56289 [FIN, PSH, ACK] Seq=17473 Ack=289 Win=6912 Len=1223
121.48.228.89	202.115.32.82	TCP	54 56289 → 80 [ACK] Seq=289 Ack=18697 Win=58696 Len=0
121.48.228.89	202.115.32.82	TCP	54 [TCP Window Update] 56289 → 80 [ACK] Seq=289 Ack=18697 Win=66976 Len=0
121.48.228.89	202.115.32.82	TCP	54 56289 → 80 [FIN, ACK] Seq=289 Ack=18697 Win=66976 Len=0
202.115.32.82	121.48.228.89	TCP	60 80 → 56289 [ACK] Seq=18697 Ack=290 Win=6912 Len=0

10）在这个 TCP 的会话过程中，服务器一共给客户端传送了多少应用层数据？

答：大小为 1510 的数据包，包含了 1456 个应用层数据，一共 12 个这样大小的数据包，最后有一个 1277 字节的数据包，其中包含 1223 字节的应用层数据，所以一共是 1456×12 + 1223=18695 字节数据。

11）一共传输了 18695 字节的数据信息，为什么最后 FIN 的确认号是 18697？

答：在三次握手时，初始相对序号从 0 变成 1，在最后释放连接时，当含有 FIN 标志位时，确认号必须再加 1，所以要在 18695 的基础上加 2，最后的确认号为 18697。

6.2 节

1）UDP 的头部包含几个字段？分别是什么？头部总共多少字节？

答：UDP 协议头部包含四个字段，分别是 Source Port（源端口号）、

Destination Port（目的端口号）、Length（长度）和 Checksum（检验和）。UDP 头部共占用 8 字节。

2）UDP 头部中的 Length 字段的含义是什么？

答：Length 字段表明了 UDP 报文段的字节数，即首部长度加数据长度。

3）查看 Wireshark 的数据区域，UDP 头部各个字段对应十六进制的编码。

答：d1 d4 对应源端口 53716，0035 对应目的端口 53，0027 对应长度字段，ab20 对应校验和字段。

4）还可以通过什么方式获取 UDP 数据包？

答：还可以在 DHCP 中，或者网络流媒体应用中获取 UDP 数据包。

第 7 章

7.1 节

1）客户端主机在获取一个新的 IP 配置信息时需要通过几次握手来完成？

答：经过四次握手完成，包括 DHCP discover、DHCP offer、DHCP Request 及 DHCP ACK。

2）DHCP 服务器从地址池中选择哪个 IP 地址分配给客户端？

答：DHCP 服务选择 192.168.10.40 分配给客户端。

3）DHCP 会话过程中的 Transaction ID 是多少？

答：Transaction ID 为 0x2bf78507。

4）DHCP 分配的子网掩码、DNS 域名服务器分别为什么？

答：子网掩为 255.255.255.0，DNS 域名服务器有两个，即 202.115.32.36 及 61.139.2.69。

5) 该客户端主机租借的 IP 地址租期为多久？

```
Option: (51) IP Address Lease Time
    Length: 4
    IP Address Lease Time: (691200s) 8 days
```

答：客户端租期为 8 天。

6) DHCP 采用什么传输层协议来传送 DHCP 报文？

```
> User Datagram Protocol, Src Port: 67, Dst Port: 68
> Bootstrap Protocol (Offer)
```

答：采用 UDP。

7) DHCP 客户端在没有分配 IP 地址之前采用什么 IP 地址和服务器通信？服务器采用什么 IP 地址来保证客户端收到服务器的配置信息？

Source	Destination	Protocol	Length	Info
0.0.0.0	255.255.255.255	DHCP	342	DHCP Discover
192.168.10.35	255.255.255.255	DHCP	343	DHCP Offer
0.0.0.0	255.255.255.255	DHCP	352	DHCP Request
192.168.10.35	255.255.255.255	DHCP	348	DHCP ACK

答：DHCP 客户端在发送信息时，源 IP 为全 0 的特殊 IP 地址。
DHCP 服务器采用受限广播地址 255.255.255.255 作为目的 IP 地址给客户端主机发送配置信息。

1) 主机重新接入网络的时候，需要重新获取新的 IP 还是对原 IP 进行续租？

答：采用续租的方式来获取原来的 IP 地址。

2) 主机在续租时，使用几次握手来完成续租的过程？

No.	Time	Source	Destination	Protocol	Length	Info
124	22.994478	0.0.0.0	255.255.255.255	DHCP	346	DHCP Request - Transaction ID 0x888cf18a
125	22.995090	192.168.10.35	255.255.255.255	DHCP	348	DHCP ACK - Transaction ID 0x888cf18a

答：只需要两次握手来完成续租的过程，只通过 DHCP request 和 DHCP ACK 即可完成续借。

7.2 节

1) Ping 命令利用了 ICMP 的哪种类型报文，从哪里可以看出来？

```
▼ Internet Control Message Protocol
    Type: 8 (Echo (ping) request)
    Code: 0
```

答：利用了 ICMP 的回送请求 / 应答报文，从 ICMP 报文的 Type 字段设置为 8 可以看出。

2) Ping 包发送的 ICMP 报文的数据部分内容是什么？

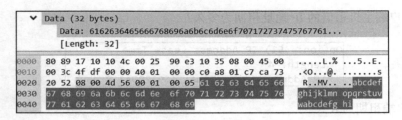

答：发送的 32 字节数据为 abcdefghijklmnopqrstuvwabcdefghi。
3）第一个 Ping 包返回的准确时间是多少？

```
[Request frame: 81]
[Response time: 1.318 ms]
```

答：由 reply 报文可以查看 Ping 请求数据包从发送至收到返回包所经过的时间。
4）IP 数据报头部已经有 checksum 字段，为什么 ICMP 还有 checksum 字段？
答：IP 的 checksum 只针对头部进行校验，ICMP 的 checksum 针对 ICMP 报文，也就是 IP 数据报的数据部分进行校验。

1）Traceroute 应用发送的是 ICMP 的什么类型数据报？

```
Internet Control Message Protocol
    Type: 8 (Echo (ping) request)
    Code: 0
```

答：Traceroute 应用发送的是 ICMP 类型为 8 的回显请求报文。
2）Traceroute 发送的回显请求数据包和 Ping 发送的数据包数据部分有什么差异？

```
Data (64 bytes)
    Data: 0000000000000000000000000000000000000000...
    [Length: 64]
```

答：ICMP 数据部分为 64 字节，但是发送的全为 0。
3）发送的报文出现了什么错误，错误原因是什么？

```
192.168.1.199    202.115.32.83    ICMP   106 Echo (ping) request  id=0x0001, seq=40/10240, ttl=1 (no response found!)
192.168.1.1      192.168.1.199    ICMP   134 Time-to-live exceeded (Time to live exceeded in transit)
```

答：出现了超时的错误，错误原因是 ICMP 请求报文的 TTL=1。
4）第一个 TTL 超时报文是由谁发出的？

```
192.168.1.199    202.115.32.83    ICMP   106 Echo (ping) request  id=0x0001, seq=40/10240, ttl=1 (no response found!)
192.168.1.1      192.168.1.199    ICMP   134 Time-to-live exceeded (Time to live exceeded in transit)
```

答：第一个 TTL 超时报文是由 192.168.1.1 发送出来的，这是局域网的默认网关。
5）在这个 Traceroute 的过程中，发送方一共发送了多少个不同的 TTL 报文（相同的 TTL 算一个）？
答：发送了五个不同的 TTL 数据包，每个 TTL 发送了三个相同的报文。
6）Traceroute 这五种不同 TTL 数据包的 TTL 字段的特点是什么？

答：每种报文的 TTL 字段是逐一递增的。

7）Traceroute 到达目的地的判断方法是什么？

119 5.570912	192.168.1.199	202.115.32.83	ICMP	106 Echo (ping) request id=0x0001, seq=52/13312, ttl=5 (reply in 120)
120 5.572842	202.115.32.83	192.168.1.199	ICMP	106 Echo (ping) reply id=0x0001, seq=52/13312, ttl=60 (request in 119)
121 5.573349	192.168.1.199	202.115.32.83	ICMP	106 Echo (ping) request id=0x0001, seq=53/13568, ttl=5 (reply in 122)
122 5.574971	202.115.32.83	192.168.1.199	ICMP	106 Echo (ping) reply id=0x0001, seq=53/13568, ttl=60 (request in 121)
123 5.575475	192.168.1.199	202.115.32.83	ICMP	106 Echo (ping) request id=0x0001, seq=54/13824, ttl=5 (reply in 124)
124 5.576028	202.115.32.83	192.168.1.199	ICMP	106 Echo (ping) reply id=0x0001, seq=54/13824, ttl=60 (request in 123)

答：收到接收主机返回的 ICMP 回显应答。

8）从捕获的数据包中分析，源主机收到了哪些不同 IP 发送的 ICMP 报文？

192.168.1.199	202.115.32.83	ICMP	106 Echo (ping) request id=0x0001, seq=40/10240, ttl=1 (no
192.168.1.1	192.168.1.199	ICMP	134 Time-to-live exceeded (Time to live exceeded in transit
192.168.1.199	202.115.32.83	ICMP	106 Echo (ping) request id=0x0001, seq=43/11008, ttl=2 (no res
202.115.53.254	192.168.1.199	ICMP	134 Time-to-live exceeded (Time to live exceeded in transit)
192.168.1.199	202.115.32.83	ICMP	106 Echo (ping) request id=0x0001, seq=47/12032, ttl=3 (no
10.10.11.1	192.168.1.199	ICMP	134 Time-to-live exceeded (Time to live exceeded in transit)
192.168.1.199	202.115.32.83	ICMP	106 Echo (ping) request id=0x0001, seq=50/12800, ttl=4 (no
202.115.39.102	192.168.1.199	ICMP	70 Time-to-live exceeded (Time to live exceeded in transit)
192.168.1.199	202.115.32.83	ICMP	106 Echo (ping) request id=0x0001, seq=52/13312, ttl=5 (reply in 120)
202.115.32.83	192.168.1.199	ICMP	106 Echo (ping) reply id=0x0001, seq=52/13312, ttl=60 (request in 119)

答：192.168.1.1、202.115.53.254、10.10.11.1、202.115.39.102、202.115.32.83。

7.4 节

这里配置的 Clock Rate 的作用是什么？
答：对于连接 DCE 电缆的接口，配置时钟 clockrate，用以对 DTE 端提供时钟同步信号。而连接 DTE 电缆的接口则不需要配置时钟。对于如何区分 DCE 和 DTE 设备，请有兴趣的读者可以自行了解。

在上述实验中，为什么 PC1 不能 ping 通 211.211.211.2 主机？
答：这是因为在设置公有 IP 地址池只有一个公有 IP 地址 200.1.1.1，当这个 IP 分给 PC0 时，PC1 再去 ping 就分配不到公有 IP，所以 ping 不通，要等待 PC0 释放公有 IP 后才能申请。

上述操作中，PC0 和 PC1 使用的 Inside Global 地址是多少？
答：在 Router 0 中使用 sh ip nat tr 命令来查看 NAT 转换表项。

第 8 章

8.2 节

1）最开始时 PC0 的 ARP 表是否为空？原因是什么？
答：为空。查看如下结果。

```
Packet Tracer PC Command Line 1.0
PC>arp -a
No ARP Entries Found
PC>
```

因为一开始 PC0 还未和任何设备进行过分组的交换，所以 ARP 缓存中没有相关设备的信息。

2）最开始时 Switch0 的 MAC 地址表的内容是什么？

答：Switch0 的 MAC 地址表如下所示。

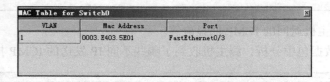

其之所以不为空，跟路由器初始化运行的 CDP 协议有关。如果查看时为空，则在实时模式下等待一会儿即可；查看时可以看到所有端口对应的 MAC 地址，这属于正常情况。

提示：本实验过程中的 MAC 地址可能和学生自己实验过程中观察到的 MAC 地址不一样。

3）发送 ping 命令后，分组在 PC0 处等待转发时，这些分组是什么协议包？为什么发送这些包？其中的 MAC 信息是什么？属于接收的包还是发送的包？

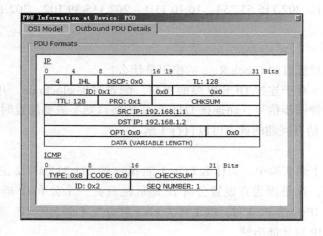

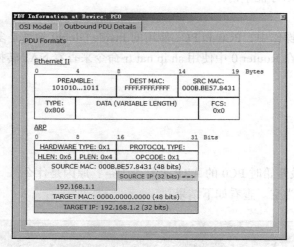

答：总共有两个包，即 ICMP 包和 ARP 包。

之所以发送两个包的原因如下：发送 ICMP 包是因为 ping 命令执行时通过 ICMP 包的转发来与主机沟通，但是这时因为 PC0 处的 ARP 缓存为空，所以要发送一个 ARP 请求包来得到目的 IP 对应的目的 MAC 地址。其中，根据 ARP 包的 MAC 地址信息可以得知：源 MAC 地址为 000B.BE57.8431，目的 MAC 地址为 FFFF.FFFF.FFFF。由此可知，该 ARP 包为典型的广播包。根据分组 PDU 信息中的 Outbound 标签得知，ICMP 包和 ARP 包均为发送包。

4）ping 命令执行过程中，分组转发第一次至 Switch0 时，其 MAC 地址表有什么变化？

答：此时 Switch0 的 MAC 地址表如下。

VLAN	Mac Address	Port
1	0003.E403.5E01	FastEthernet0/3
1	000B.BE57.8431	FastEthernet0/1

可以得知，Switch0 在接收 ARP 包的同时，也将端口 0/1 对应的 MAC 地址，即 PC0 的 MAC 地址记录了下来。

5）ping 命令执行过程中，分组转发第一次至由 Switch0 广播至 PC1 和 Router0 时，后两者的 ARP 表有什么变化？PC1 处分组中的 MAC 地址信息有什么变化？

答：PC1 和 Router0 的 ARP 缓存分别如下所示。

```
Packet Tracer PC Command Line 1.0
PC>arp -a
  Internet Address      Physical Address      Type
  192.168.1.1           000b.be57.8431        dynamic

Router>en
Router#show arp
Protocol  Address          Age (min)  Hardware Addr   Type   Interface
Internet  192.168.1.254         -     0003.E403.5E01  ARPA   FastEthernet0/0
Internet  192.168.2.254         -     0003.E403.5E02  ARPA   FastEthernet0/1
Router#
```

这里路由器的 ARP 缓存没有变化可以理解为路由器看到该包的目的 IP 是在其内网范围内，无须和其他内网通信，所以将其丢包，未将其 IP 和 MAC 映射记录进 ARP 缓存中。PC1 的分组转发情况：其中 Inbound 包没有变化，Outbound 包仍为 ARP 包，即 PC1 回应 PC0 的 ARP 响应包。其中 Outbound 包的源 MAC 地址为 0001.C79C.7BBD，目的 MAC 地址为 000B.BE57.8431。

在事件列表中，第一次捕获的事件和第二次捕获的事件有什么差异？

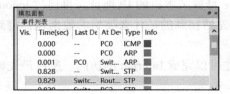

答：主要有两方面的差异。第二次运行 ping 命令以后，不再捕获 ARP 的报文；第二次捕获的数据包中，Switch0 不再向 Route0 发送数据包。

 ping 命令的执行情况有什么变化？
答：主要有以下几点不同。

ARP 包转发的不同：ARP 包第一次从 Switch0 广播时，Router0 接收了而 PC1 丢弃了。Router0 的 ARP 缓存更新如下。并且，Router0 马上就将 ARP 包返回，即作为 192.168.2.1 的代理直接对 PC0 进行了回复，回复包的源 MAC 地址为 0003.E403.5E01，目的 MAC 地址为 000B.BE57.8431。

```
Router>enable
Router#show arp
Protocol  Address        Age (min)  Hardware Addr   Type  Interface
Internet  192.168.1.1        0      000B.BE57.8431  ARPA  FastEthernet0/0
Internet  192.168.1.254      -      0003.E403.5E01  ARPA  FastEthernet0/0
Internet  192.168.2.254      -      0003.E403.5E02  ARPA  FastEthernet0/1
Router#
```

ICMP 包转发的不同：在 ping 命令的第二个阶段，当 Router0 收到 PC0 发来的 ICMP 包时，首先将该 ICMP 包丢弃，然后作为 PC0 的代理发送 ARP 包，在 192.168.2.0/24 内网段内寻找 PC2，与其进行联络得到其 MAC 地址。该 ARP 包的源 MAC 地址为 0003.E403.5E02，目的 MAC 地址为 FFFF.FFFF.FFFF。

第 9 章

 1）每个 VLAN 的网络号分别是多少？
答：服务器：192.168.32.0/22。
教学楼：192.168.36.0/22。
实验楼：192.168.40.0/22。
学生宿舍：192.168.44.0/22。
图书馆：192.168.48.0/22。
办公楼：192.168.52.0/22。
2）每个 VLAN 能容纳多少台主机？。
答：1024 台。

第 10 章

1）在通过用 ipconfig /release 释放了本机的 IP 地址，再通过 ipconfig/renew 获取新的 IP 地址以后，最先捕获到的是什么类型的数据包？得到的配置信息是什么？

答：所有访问 Internet 的主机必须有 IP 地址才可以完成 Internet 的访问，所以最先捕获的是 DHCP 报文，获取客户端主机的 IP 配置信息。

```
> Option: (54) DHCP Server Identifier
v Option: (1) Subnet Mask
    Length: 4
    Subnet Mask: 255.255.255.0
> Option: (81) Client Fully Qualified Domain Name
v Option: (15) Domain Name
    Length: 8
    Domain Name: network
v Option: (3) Router
    Length: 4
    Router: 192.168.10.254
v Option: (6) Domain Name Server
    Length: 8
    Domain Name Server: 202.115.32.36
    Domain Name Server: 61.139.2.69
```

得到的配置信息如下：主机获取的 IP 地址是 192.168.10.40，分配 IP 地址的 DHCP 服务器是 192.168.10.35，子网掩码为 255.255.255.0，默认网关为 192.168.10.254，DNS 域名服务器地址是 202.115.32.36 和 61.139.2.69。

2）通过 DHCP 得到了客户端主机的 IP 地址以后，在捕获 DNS 域名解析数据包之前，捕获到了什么类型的数据包？请分析原因。

```
28 6.513823    Dell_9f:aa:b7       Broadcast       ARP    42 Who has 192.168.10.254? Tell 192.168.10.40
30 6.515256    RuijieNe_06:76:17   Dell_9f:aa:b7   ARP    60 192.168.10.254 is at 58:69:6c:06:76:17
```

答：捕获到的是 ARP 数据包。获取 IP 地址以后，客户端需要通过 DNS 服务器进行域名解析。由于 DNS 域名服务器和客户端主机不在同一网络，所以客户端需要获取默认网关的 MAC 地址，以此构造数据帧发送 DNS 的请求报文。因为通过 DHCP 客户端得到的是默认网关的 IP 地址 192.168.10.254，所以 ARP 应答报文回答的是默认网关的 MAC 地址。

3）客户端主机和默认网关的 MAC 地址分别是什么？

```
v Address Resolution Protocol (reply)
    Hardware type: Ethernet (1)
    Protocol type: IPv4 (0x0800)
    Hardware size: 6
    Protocol size: 4
    Opcode: reply (2)
    Sender MAC address: RuijieNe_06:76:17 (58:69:6c:06:76:17)
    Sender IP address: 192.168.10.254
    Target MAC address: Dell_9f:aa:b7 (f8:bc:12:9f:aa:b7)
    Target IP address: 192.168.10.40
```

答：客户端主机的 MAC 地址是 f8:bc:12:9f:aa:b7，默认网关的 MAC 地址是 58:69:c:06:76:17。

4）DNS 通过什么类型的资源记录去解析 www.scu.edu.cn? DNS 的查询应答报文包含什么信息？

```
669 12.860159 202.115.32.36   100.150.0.49    DNS    77  61 Standard query response 0xea81 Server failure A bcsp.omniroot.com
920 18.999674 100.150.0.49    202.115.32.36   DNS    74 128 Standard query 0x1fa8 A www.scu.edu.cn
922 19.005996 202.115.32.36   100.150.0.49    DNS   178  61 Standard query response 0x1fa8 A www.scu.edu.cn A 202.115.32.82 A 20...
5493 37.026469 100.150.0.49   202.115.32.36   DNS    82 128 Standard query 0x48f6 A ieonline.microsoft.com
5494 37.029558 202.115.32.36  100.150.0.49    DNS   272  61 Standard query response 0x48f6 A ieonline.microsoft.com CNAME any.ed...
5816 38.480738 100.150.0.49   202.115.32.36   DNS    76 128 Standard query 0x5477 A go.microsoft.com
192.168.10.40   202.115.32.36   DNS    74 Standard query 0x093d A www.scu.edu.cn
202.115.32.36   192.168.10.40   DNS   178 Standard query response 0x093d A www.scu.edu.cn A 202.115.32.82 A 202.115...
192.168.10.40   202.115.32.36   DNS    74 Standard query 0x2705 A www.scu.edu.cn
202.115.32.36   192.168.10.40   DNS   178 Standard query response 0x2705 A www.scu.edu.cn A 202.115.32.83 A 202.115...
192.168.10.40   202.115.32.36   DNS    75 Standard query 0xa833 A news.scu.edu.cn
202.115.32.36   192.168.10.40   DNS   197 Standard query response 0xa833 A news.scu.edu.cn CNAME www.scu.edu.cn A 2...
v Queries
  > www.scu.edu.cn: type A, class IN
```

答：通过在 Wireshark 的过滤栏设置过滤规则 "dns and ip.addre==192.168.10.40"，可以获取 DNS 报文。通过 A 资源记录去获取 www.scu.edu.cn 的 IP 地址，因为 www.scu.edu.cn 本身是标准名，所以 A 资源记录可以解析。

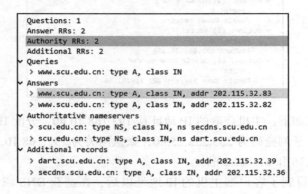

得到了 www.scu.edu.cn 对应的 IP 地址（202.115.32.83 和 202.225.32.82），同时得到了该服务器所在域的授权域名服务器（secdns.scu.edu.cn,dart.scu.edu.cn）及授权域名服务器 IP 地址 (202.115.32.39、202.115.32.36)。

5）通过 DNS 得到 Web 服务器的 IP 地址以后是否直接捕获到了 HTTP 数据包？

答：在发送 HTTP 请求之前需要先和服务器建立三次握手，从 Wireshark 中可以看到，客户端和 202.115.32.83 服务器建立了 TCP 连接。

1）在发送 HTTP 请求之前，客户端主机最先发送的是什么类型的数据包？为什么是这样的数据包？

答：TCP 请求报文，因为主机获取 IP 地址，并且缓存了 IP 和 MAC 的映射关系以及 Web 服务器的 DNS 记录信息。

2）是否捕获了 ARP 数据包？说明原因。

答：没有，因为 ARP 表里面已经有默认网关对应的 MAC 地址。

3）是否捕获了 DNS 数据包？说明原因。

答：没有，因为 DNS 缓存已经存放在客户端主机。

4）捕获的 HTTP 数据包和前一个实验中捕获的 HTTP 报文有什么差别？。

答：HTTP 请求报文中增加了 "if-modified-since" 字段，以及应答报文并无页面信息。

5）根据上述分析，写出客户主机再次获取相同 Web 所捕获的数据包的流程？

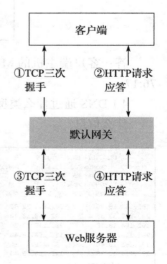

第 11 章

 发送主机（10.42.0.156）

1）发送方发送的 SMTP 会话过程中使用了哪些 SMTP 的命令？

```
10.42.0.55    10.42.0.156   SMTP    164 S: 220 FOO-2017 Microsoft ESMTP MAIL Service, Version: 7.5.7601.17514 r…
10.42.0.156   10.42.0.55    SMTP     66 C: EHLO VIS00
10.42.0.55    10.42.0.156   SMTP    238 S: 250-FOO-2017 Hello [10.42.0.156] | 250-TURN | 250-SIZE 2097152 | 250-
10.42.0.156   10.42.0.55    SMTP     97 C: MAIL FROM: <admin@mail.foo.com> SIZE=1369
10.42.0.55    10.42.0.156   SMTP     97 S: 250 2.1.0 admin@mail.foo.com....Sender OK
10.42.0.156   10.42.0.55    SMTP     86 C: RCPT TO: <admin@mail.test.com>
10.42.0.55    10.42.0.156   SMTP     86 S: 250 2.1.5 admin@mail.test.com
10.42.0.156   10.42.0.55    SMTP     60 C: DATA
10.42.0.55    10.42.0.156   SMTP    100 S: 354 Start mail input; end with <CRLF>.<CRLF>
10.42.0.156   10.42.0.55    SMTP    443 C: DATA fragment, 389 bytes
10.42.0.156   10.42.0.55    SMTP|…  1039 from: "admin@mail.foo.com" <admin@mail.foo.com>, subject: =?GB2312?B?W1R…
10.42.0.55    10.42.0.156   SMTP    128 S: 250 2.6.0  <20180603212830464521 3@mail.foo.com> Queued mail for deliv…
10.42.0.156   10.42.0.55    SMTP     60 C: QUIT
```

2）发送方发送的邮件大小是多少？

答：邮件大小为 389 字节。

```
10.42.0.156   10.42.0.55    SMTP    443 C: DATA fragment, 389 bytes
```

3）在发送邮件主机接收邮件时，使用了哪些 POP 命令？

```
10.42.0.49    10.42.0.156   POP    134 S: +OK Visendo POP3  Gateway v1.1.2.637 x64 COMMUNITY edition on TEST-2…
10.42.0.156   10.42.0.49    POP     80 C: USER admin@mail.test.com
10.42.0.49    10.42.0.156   POP    101 S: +OK Password required for admin@mail.test.com
10.42.0.156   10.42.0.49    POP     66 C: PASS admin
10.42.0.49    10.42.0.156   POP    120 S: +OK admin@mail.test.com's Maildrop has 13 messages (23641 bytes)
10.42.0.156   10.42.0.49    POP     60 C: STAT
10.42.0.49    10.42.0.156   POP     68 S: +OK 13 23641
10.42.0.156   10.42.0.49    POP     60 C: LIST
10.42.0.49    10.42.0.156   POP     79 S: +OK 13 messages (23641)
10.42.0.156   10.42.0.49    POP     60 C: UIDL
10.42.0.49    10.42.0.156   POP     62 S: +OK 13
10.42.0.156   10.42.0.49    POP     63 C: RETR 11
10.42.0.49    10.42.0.156   POP     70 S: +OK 1807 bytes
10.42.0.49    10.42.0.156   POP|I… 1861 from: "admin@mail.foo.com" <admin@mail.foo.com>, subject: =?GB2312?B?W1R…
10.42.0.49    10.42.0.156   POP|I…   59   .
10.42.0.156   10.42.0.49    POP     60 C: QUIT
10.42.0.49    10.42.0.156   POP    129 S: +OK Visendo SMTP Extender 1.1.2.637 x64 COMMUNITY edition closing ses…
10.42.0.49    10.42.0.55    POP    133 S: +OK Visendo POP3  Gateway v1.1.2.637 x64 COMMUNITY edition on FOO-201…
```

4）接收者邮箱中有多少封邮件？每封邮件大小是多少？

答：有 13 封邮件。

```
10.42.0.49    10.42.0.156   POP      79 S: +OK 13 messages (23641)
10.42.0.49    10.42.0.156   POP|I…   62  1 1851
10.42.0.49    10.42.0.156   POP|I…   62  2 1591
10.42.0.49    10.42.0.156   POP|I…   62  3 1890
10.42.0.49    10.42.0.156   POP|I…   62  4 1767
10.42.0.49    10.42.0.156   POP|I…   62  5 1724
10.42.0.49    10.42.0.156   POP|I…   62  6 1815
10.42.0.49    10.42.0.156   POP|I…   62  7 1799
10.42.0.49    10.42.0.156   POP|I…   62  8 1861
10.42.0.49    10.42.0.156   POP|I…   62  9 1890
10.42.0.49    10.42.0.156   POP|I…   63 10 1762
10.42.0.49    10.42.0.156   POP|I…   63 11 1807
10.42.0.49    10.42.0.156   POP|I…   63 12 2293
10.42.0.49    10.42.0.156   POP|I…   63 13 1591
```

5）POP 中的 UIDL 命令是什么意思？

答：UIDL 命令用于查询某封邮件的唯一标志符，参数 msg# 表示邮件的序号，是一个从 1 开始编号的数字。

6）接收邮件时，客户端主机的临时端口是多少？

```
Internet Protocol Version 4, Src: 10.42.0.49, Dst: 10.42.0.156
Transmission Control Protocol, Src Port: 110, Dst Port: 35301,
```

答：不同时间发起的会话端口号是不相同的。

发送者邮件服务器 SMTP#2（10.42.0.55）

1）SMTP#2 向 SMTP#1 发送邮件时，SMTP#2 使用的客户端端口号是多少？

```
> Frame 472: 164 bytes on wire (1312 bits), 164 bytes captured (1312 bits) on int
> Ethernet II, Src: Vmware_c1:ae:61 (00:0c:29:c1:ae:61), Dst: Giga-Byt_48:41:9f (
> Internet Protocol Version 4, Src: 10.42.0.55, Dst: 10.42.0.156
v Transmission Control Protocol, Src Port: 25, Dst Port: 35289, Seq: 1, Ack: 1, L
    Source Port: 25
    Destination Port: 35289
    [Stream index: 11]
```

答：端口号：35289，这个答案和具体会话有关。

2）列出 SMTP 会话过程所使用的 SMTP 的命令。

10.42.0.156	10.42.0.55	SMTP	66 C: EHLO VIS00
10.42.0.55	10.42.0.156	SMTP	238 S: 250-FOO-2017 Hello [10.42.0.156] | 250-TURN | 250-SIZE 2097152 | 250-.
10.42.0.156	10.42.0.55	SMTP	97 C: MAIL FROM: <admin@mail.foo.com> SIZE=1369
10.42.0.55	10.42.0.156	SMTP	97 S: 250 2.1.0 admin@mail.foo.com....Sender OK
10.42.0.156	10.42.0.55	SMTP	86 C: RCPT TO: <admin@mail.test.com>
10.42.0.55	10.42.0.156	SMTP	86 S: 250 2.1.5 admin@mail.test.com
10.42.0.156	10.42.0.55	SMTP	60 C: DATA
10.42.0.55	10.42.0.156	SMTP	100 S: 354 Start mail input; end with <CRLF>.<CRLF>
10.42.0.156	10.42.0.55	SMTP	443 C: DATA fragment, 389 bytes
10.42.0.156	10.42.0.55	SMTP|	1039 from: "admin@mail.foo.com" <admin@mail.foo.com>, subject: =?GB2312?B?W1R
10.42.0.55	10.42.0.156	SMTP	128 S: 250 2.6.0 <20180603212830464521З@mail.foo.com> Queued mail for deliv.
10.42.0.156	10.42.0.55	SMTP	60 C: QUIT

3）SMTP 获取的 DNS 记录中有哪些类型的记录？

答：MX 记录。

```
v Domain Name System (query)
    Transaction ID: 0xf5b3
  > Flags: 0x0100 Standard query
    Questions: 1
    Answer RRs: 0
    Authority RRs: 0
    Additional RRs: 0
  v Queries
    > mail.test.com: type MX, class IN
```

第 12 章

SpiderMain.py

代码 12-1

```
import ssl
import url_manager, html_downloader, html_parser
```

```python
class SpiderMain(object):
    def __init__(self):
        self.urls = url_manager.url_manager()      # URL 管理器
        self.downloader = html_downloader.html_downloader()  # HTML 下载器
        self.urlparser = html_parser.html_parser()  # HTML 解析器
    def craw(self, root_url):
        count = 1  # 当前爬取 URL
        self.urls.add_new_url(root_url)  # 添加入口 URL
        # 当有新的 URL 时
        while self.urls.has_new_url():
            try:
                new_url = self.urls.get_new_url()  # 从 URLs 获取行的 URL
                html_cont = self.downloader.download(new_url)
                # 调用下载模块，下载 URL 页面
                new_urls, new_data = self.urlparser.parse(new_url, html_cont)
                # 调用解析模块解析，解析页面
                self.urls.add_new_urls(new_urls)  # 添加批量 URL
                # 爬虫终止条件
                if count == 100:
                    break
                count += 1
            except Exception as e:
                print('craw failed--', e)
if __name__ == "__main__":
    ssl._create_default_https_context = ssl._create_unverified_context
    # 入口 URL
    root_url ="https://baike.baidu.com/item/%E8%AE%A1%E7%AE%97%E6%9C%BA/140338?fr=aladdin"

    obj_spider = SpiderMain()
    obj_spider.craw(root_url)
```

url_manager.py

代码 12-2

```python
# coding:utf8
class url_manager(object):
    def __init__(self):
        self.new_urls = set()
        self.old_urls = set()
    # 添加单个 URL
    def add_new_url(self, url):
        if url is None:
            return
        # 全新的 URL
        if url not in self.new_urls and url not in self.old_urls:
            self.new_urls.add(url)
    # 判断队列中是否有新的未爬取 URL
    def has_new_url(self):
        return len(self.new_urls) != 0

    # 获取新的 URL
    def add_new_urls(self, urls):
        if urls is None or len(urls) == 0:
            return
        for url in urls:
```

```
            self.add_new_url(url)

    # 添加批量 URL
    def get_new_url(self):
        new_url = self.new_urls.pop()
        self.old_urls.add(new_url)
        return new_url
```

html_downloader.py

代码 12-3

```python
# coding:utf8
import urllib.request
class html_downloader(object):
    def download(self, url):
        if url is None:
            return None
        # 使用 urlopen 方法抓取页面信息
        response = urllib.request.urlopen(url)
        if response.getcode() != 200:
            return None
        return response.read()
```

html_parse.py

代码 12-4

```python
# coding:utf8
from bs4 import BeautifulSoup
import re
import urllib.parse
class html_parser(object):

    def _get_new_urls(self, page_url, soup):
        new_urls = set()
        # 通过 soup.find 方法和正则表达式取得新 URL 中的字段
        links = soup.find_all(target='_blank', href=re.compile("/item/"))
        # 拼接出新的待爬取 URL
        for link in links:
            new_url = link['href']
            new_full_url = urllib.parse.urljoin(page_url, new_url)
            new_urls.add(new_full_url)
        return new_urls

    # 抽取网页信息
    def _get_new_data(self,page_url, soup):
        res_data ={}
        res_data['url'] = page_url
        textdata = [0 for i in range(4)]
        # 获得 URL
        textdata[0] = page_url
        # 获得标题
        title_node = soup.find('dd', class_="lemmaWgt-lemmaTitle-title").find("h1").text
        textdata[1] = title_node
        # 获得点赞量
```

```python
        vote_node = soup.find("span", class_="vote-count").text
        textdata[2] = vote_node
        # 获得转发量
        share_node = soup.find(id="j-topShareCount").text
        textdata[3] = share_node
        # 输出结果
        print('[', textdata[0], ',', textdata[1], ',', textdata[2], ',', textdata[3], ']')
        return res_data
    def parse(self, page_url, html_cont):
        if page_url is None or html_cont is None:
            return

        soup = BeautifulSoup(html_cont, 'html.parser', from_encoding='utf-8')
        new_urls = self._get_new_urls(page_url, soup)
        new_data = self._get_new_data(page_url, soup)
        return new_urls, new_data
```

推荐阅读

计算机网络：自顶向下方法（原书第8版）

作者：[美] 詹姆斯·F. 库罗斯（James F. Kurose） 基思·W. 罗斯（Keith W. Ross）
译者：陈鸣 ISBN：978-7-111-71236-7 定价：129.00元

自从本书第1版出版以来，已经被全世界数百所大学和学院采用，被译为14种语言，并被世界上几十万的学生和从业人员使用。本书采用作者独创的自顶向下方法讲授计算机网络的原理及其协议，即从应用层协议开始沿协议栈向下逐层讲解，让读者从实现、应用的角度明白各层的意义，进而理解计算机网络的工作原理和机制。本书强调应用层范例和应用编程接口，使读者尽快进入每天使用的应用程序环境之中进行学习和"创造"。

计算机网络：系统方法（原书第6版）

作者：[美] 拉里 L. 彼得森（Larry L. Peterson） 布鲁斯 S. 戴维（Bruce S. Davie）
译者：王勇 薛静锋 王李乐等 ISBN：978-7-111-70567-3 定价：169.00元

本书是计算机网络方面的经典教科书，凝聚了两位顶尖网络专家几十年的理论研究、实践经验和大量第一手资料，自出版以来已经被哈佛大学、斯坦福大学、卡内基-梅隆大学、康奈尔大学、普林斯顿大学等众多名校采用。

本书采用"系统方法"来探讨计算机网络，把网络看作一个由相互关联的构造模块组成的系统，通过实际应用中的网络和协议设计实例，特别是因特网实例，讲解计算机网络的基本概念、协议和关键技术，为学生和专业人士理解现行的网络技术以及即将出现的新技术奠定了良好的理论基础。无论站在什么视角，无论是应用开发者、网络管理员还是网络设备或协议设计者，你都会对如何构建现代网络及其应用有"全景式"的理解。

推荐阅读

现代网络技术：SDN、NFV、QoE、物联网和云计算

作者：[美] 威廉·斯托林斯（William Stallings） 等 译者：胡超 邢长友 陈鸣
书号：978-7-111-58664-7 定价：99.00元

  本书全面、系统地论述了现代网络技术和应用，介绍了当前正在改变网络的五种关键技术，包括软件定义网络、网络功能虚拟化、用户体验质量、物联网和云服务。无论是计算机网络的技术人员、研究者还是高校学生，都可以通过本书了解现代计算机网络。

  本书包括六个部分，第一部分是现代网络的概述，包括网络生态系统的元素和现代网络关键技术的介绍。第二部分全面和透彻地介绍了软件定义网络概念、技术和应用。第三部分介绍网络功能虚拟化的概念、技术和应用，第四部分介绍与SDN和NFV出现同样重要的服务质量（QoS）和体验质量（QoE）的演化。第五部分介绍云计算和物联网（IoT）这两种占支配地位的现代网络体系结构，第六部分介绍SDN、NFV、云和IoT的安全性。

作者简介

威廉·斯托林斯（William Stallings）

  世界知名计算机图书作者，拥有麻省理工大学计算机科学专业博士学位。他在推广计算机安全、计算机网络和计算机体系结构领域的技术发展方面做出了突出的贡献。他著有《数据通信：基础设施、联网和安全》《计算机组成与体系结构：性能设计》《操作系统：精髓与设计原理》《计算机安全：原理与实践》《无线通信网络与系统》等近20部计算机教科书，曾13次收到来自教科书和学术作者协会（Text and Academic Authors Association）颁发的年度最优计算机科学教科书奖。

推荐阅读

TCP/IP详解 卷1：协议（原书第2版）

作者：Kevin R. Fall, W. Richard Stevens　译者：吴英 吴功宜
ISBN：978-7-111-45383-3　定价：129.00元

TCP/IP详解 卷1：协议（英文版·第2版）

ISBN：978-7-111-38228-7　定价：129.00元

　　我认为本书之所以领先群伦、独一无二，是源于其对细节的注重和对历史的关注。书中介绍了计算机网络的背景知识，并提供了解决不断演变的网络问题的各种方法。本书一直在不懈努力，以获得精确的答案和探索剩余的问题域。对于致力于完善和保护互联网运营或探究长期存在的问题的可选解决方案的工程师，本书提供的见解将是无价的。作者对当今互联网技术的全面阐述和透彻分析是值得称赞的。

——Vint Cerf，互联网发明人之一，图灵奖获得者

　　《TCP/IP详解》是已故网络专家、著名技术作家W.Richard Stevens的传世之作，内容详尽且极具权威性，被誉为TCP/IP领域的不朽名著。本书是《TCP/IP详解》第1卷的第2版，主要讲述TCP/IP协议，结合大量实例介绍了TCP/IP协议族的定义原因，以及在各种不同的操作系统中的应用及工作方式。第2版在保留Stevens卓越的知识体系和写作风格的基础上，新加入的作者Kevin R.Fall结合其作为TCP/IP协议研究领域领导者的尖端经验来更新本书，反映了最新的协议和最佳的实践方法。